KUBOK 16
MATHEMATICAL PUZZLES
n.1 2024

100 +   KUBOK 16 PUZZLES
AND MORE

LOGIC PUZZLES MULTILEVEL
FOR EVERYONE

25 Easy
25 Medium
25 Hard
25 Expert

EUGENIO COPPO

KUBOK - ITALIAN CREATOR OF LOGIC PUZZLES

Year of printing 2024

Copyright © KUBOK 2024

All rights reserved.

No part of this book may be reproduced or transmitted in any form or by any means, electronic or mechanical, including photocopying, recording, or by any information storage and retrieval system, without permission in writing from the author.

DEDICATION

We dedicate this first KUBOK 16 book to all those American readers who write to us every day to ask us if there is a Kubok 16 book, here it is, it's for you.

100+ **KUBOK 16** 01/2024

www.ingramcontent.com/pod-product-compliance
Lightning Source LLC
Chambersburg PA
CBHW050233230526
45470CB00005B/1933

01231103   02231102   03231101   041415

 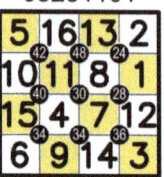 

100+ KUBOK 16 01/2024  SOLUTION

170
7	9	3	6
2	11	5	8
15	10	1	16
14	13	4	12

171
2	6	11	3
5	12	8	10
9	1	4	15
7	13	16	14

172
14	12	11	15
8	9	1	5
10	2	4	3
13	7	16	6

173
2	14	9	1
10	11	5	6
8	16	3	4
15	12	7	13

174
1	13	5	4
10	15	2	6
14	16	11	9
8	7	3	12

175
1	13	16	15
9	8	14	3
5	10	7	6
11	12	2	4

176
9	6	8	1
7	3	11	10
15	14	5	12
16	4	13	2

177
8	10	3	4
11	15	16	14
6	7	13	5
1	2	9	12

178
7	10	15	13
14	16	6	4
12	5	11	9
1	3	8	2

179
6	5	8	11
13	12	3	10
9	2	14	15
16	7	1	4

180
3	5	4	15
8	6	9	11
12	16	7	10
2	1	14	13

181
9	8	6	5
2	15	7	11
3	16	13	12
4	10	1	14

182
12	11	9	4
5	2	1	6
10	15	7	8
14	16	3	13

183
3	10	11	13
15	4	14	6
8	5	9	1
7	12	16	2

184
6	11	13	14
3	12	2	9
7	10	1	5
4	15	8	16

185
6	14	8	16
7	9	1	3
10	12	2	5
13	11	4	15

186
8	7	3	2
1	4	16	6
11	9	14	13
12	15	5	10

187
14	11	13	5
2	3	15	8
10	7	4	12
9	1	6	16

188
4	5	14	2
7	11	9	8
6	15	16	12
1	10	13	3

189
15	1	2	7
8	6	10	4
13	9	3	16
12	5	11	14

190
6	4	11	12
1	14	2	13
9	8	15	3
7	16	5	10

191
2	8	1	7
14	16	12	3
15	6	9	4
13	11	10	5

192
9	8	11	3
15	6	1	10
13	14	16	7
5	12	4	2

193
2	6	4	13
5	12	16	15
7	9	10	8
1	11	14	3

SOLUTION

146
10	11	8	6
2	16	14	12
15	7	13	5
3	1	9	4

147
11	7	12	15
6	4	10	13
1	5	3	14
2	8	16	9

148
16	13	1	3
9	8	5	4
2	15	12	11
10	7	6	14

149
6	10	11	1
9	15	16	13
7	2	3	4
5	12	14	8

150
14	13	4	16
15	7	11	9
10	2	5	1
12	3	6	8

151
6	11	4	8
3	1	10	7
15	13	9	16
14	2	5	12

152
8	15	5	12
11	9	4	1
6	7	10	13
3	16	14	2

153
9	3	2	4
10	1	5	7
12	14	13	11
8	6	15	16

154
7	16	4	10
13	12	6	2
3	9	1	15
14	11	5	8

155
1	8	13	12
9	16	5	10
3	15	14	4
2	7	6	11

156
15	3	2	8
6	11	10	4
16	12	14	13
1	7	9	5

157
5	16	6	15
1	10	14	9
2	8	3	13
7	4	12	11

158
7	1	12	2
10	15	6	5
8	11	14	3
4	16	13	9

159
11	15	12	9
13	10	1	6
2	5	3	14
4	16	7	8

160
8	5	9	11
7	16	15	4
10	12	1	3
14	6	13	2

161
3	13	15	10
7	8	1	4
11	9	12	2
16	14	6	5

162
3	7	10	9
1	5	11	2
6	13	12	14
8	15	16	4

163
6	7	13	5
12	9	4	1
11	16	15	8
14	10	3	2

164
12	14	7	11
15	5	4	2
9	13	8	1
16	10	6	3

165
12	3	15	6
14	5	2	16
10	13	7	9
11	4	1	8

166
9	11	15	10
16	13	8	6
3	5	1	4
2	12	7	14

167
12	13	15	6
5	7	14	1
10	8	2	3
16	9	11	4

168
2	14	15	11
4	8	5	3
12	10	13	7
6	16	1	9

169
6	3	9	10
1	4	14	8
5	12	2	15
13	7	11	16

122
8	9	1	6
13	11	4	10
3	12	7	14
2	16	5	15

123
8	14	4	7
5	13	16	9
15	10	11	1
6	12	3	2

124
8	7	14	2
16	9	13	12
3	5	11	6
15	1	10	4

125
1	15	14	11
10	13	3	16
2	12	4	8
9	7	6	5

126
8	5	14	9
6	10	15	2
1	7	12	11
13	4	16	3

127
15	4	7	13
2	5	3	14
11	1	9	6
10	8	16	12

128
6	12	10	13
16	9	8	2
4	7	11	1
5	3	15	14

129
15	4	8	13
16	11	1	12
10	3	2	9
14	6	7	5

130
13	15	1	11
9	16	14	2
10	8	6	7
5	12	3	4

131
14	15	3	7
11	1	5	4
13	2	12	16
9	6	8	10

132
12	6	15	8
10	3	11	4
16	5	7	2
14	13	1	9

133
6	10	5	12
11	13	1	14
16	15	9	7
2	8	3	4

134
8	7	6	10
5	2	15	14
1	9	13	12
3	16	11	4

135
10	13	8	7
9	16	11	12
15	2	4	3
5	6	14	1

136
9	4	10	8
5	13	6	14
3	2	15	1
11	12	16	7

137
15	9	7	3
16	14	13	4
6	1	12	2
8	10	5	11

138
10	11	3	14
16	5	2	8
15	9	7	13
1	4	6	12

139
2	7	13	5
14	8	12	3
10	11	16	15
4	9	1	6

140
11	9	10	16
14	13	2	8
7	12	1	15
5	3	4	6

141
13	9	11	5
1	8	14	10
16	2	6	15
3	4	7	12

142
13	8	2	10
3	15	4	7
1	5	12	9
16	14	6	11

143
16	15	7	13
3	9	1	4
14	2	11	6
12	8	10	5

144
10	1	7	2
6	4	16	5
15	13	12	14
8	11	9	3

145
9	7	3	11
14	6	13	10
2	12	8	1
5	15	4	16

SOLUTION

098
3	16	2	1
8	10	14	4
12	13	15	11
7	5	9	6

099
5	7	4	11
6	1	16	13
8	9	3	10
2	14	15	12

100
5	8	3	1
16	15	2	13
9	14	6	11
10	12	7	4

101
8	15	4	1
13	5	11	7
10	6	12	2
16	3	14	9

102
3	10	12	2
16	13	14	4
5	6	8	15
9	7	11	1

103
5	6	13	3
9	7	8	1
15	16	4	11
12	14	2	10

104
6	1	7	12
14	8	16	5
15	3	9	11
2	4	10	13

105
15	5	14	7
13	10	12	1
11	4	9	2
8	6	16	3

106
6	4	16	1
13	15	10	11
5	14	7	2
12	9	3	8

107
11	2	14	1
15	5	7	4
6	3	16	12
10	9	8	13

108
8	1	3	15
7	6	12	14
16	2	5	9
10	4	11	13

109
3	7	11	10
2	15	1	14
13	6	9	16
8	12	5	4

110
9	1	12	3
15	14	13	6
8	11	7	2
5	16	4	10

111
11	1	3	14
9	7	2	13
6	4	8	16
15	5	10	12

112
9	5	10	8
15	3	13	12
7	16	2	1
4	11	14	6

113
16	11	10	12
3	6	13	2
9	1	14	5
8	15	4	7

114
8	7	5	1
4	12	16	14
6	13	11	9
10	15	3	2

115
8	10	16	13
12	11	5	15
9	1	14	6
4	2	7	3

116
6	14	11	12
9	5	15	8
16	3	4	13
1	2	7	10

117
7	8	14	9
15	10	16	2
5	6	12	3
11	1	4	13

118
10	1	8	14
4	11	13	12
9	3	15	2
7	5	16	6

119
10	1	6	13
15	5	3	12
16	11	7	8
14	2	9	4

120
3	7	10	13
4	12	15	2
11	8	14	1
5	9	16	6

121
10	12	8	11
15	4	14	9
3	5	16	7
6	1	13	2

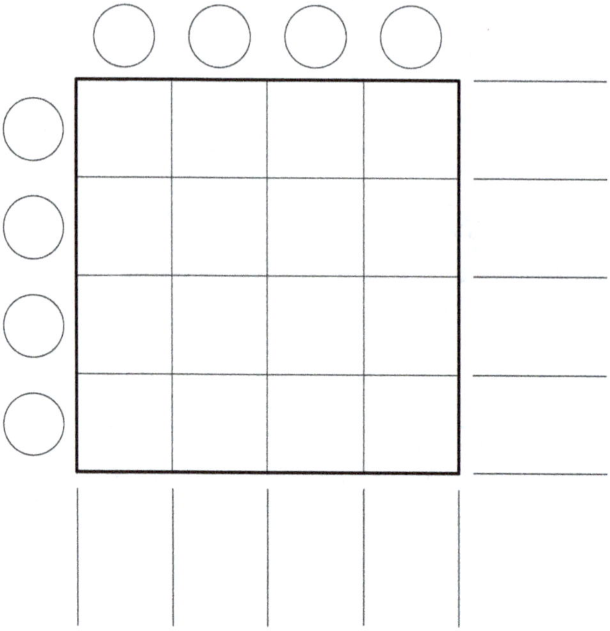

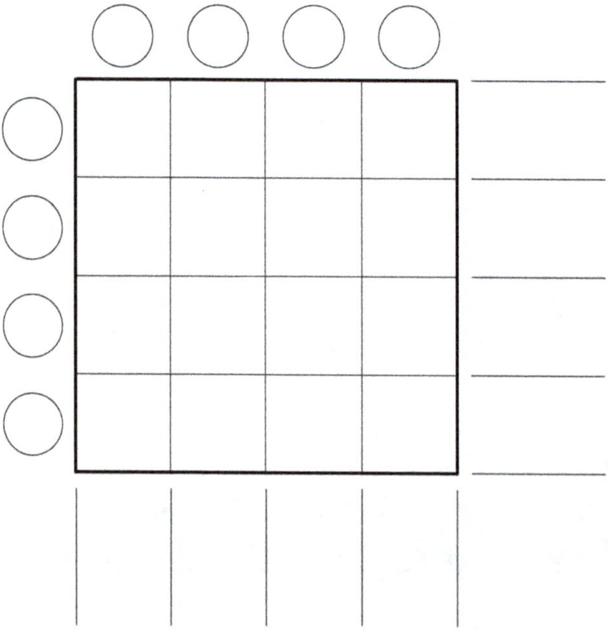

DO YOUR TESTS

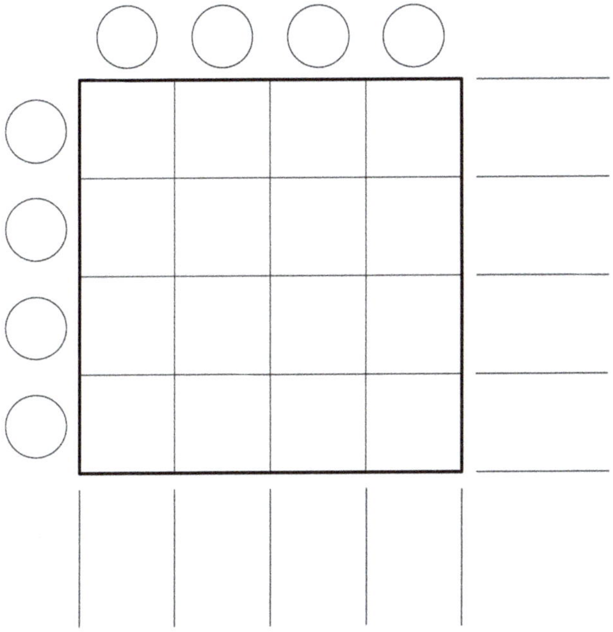

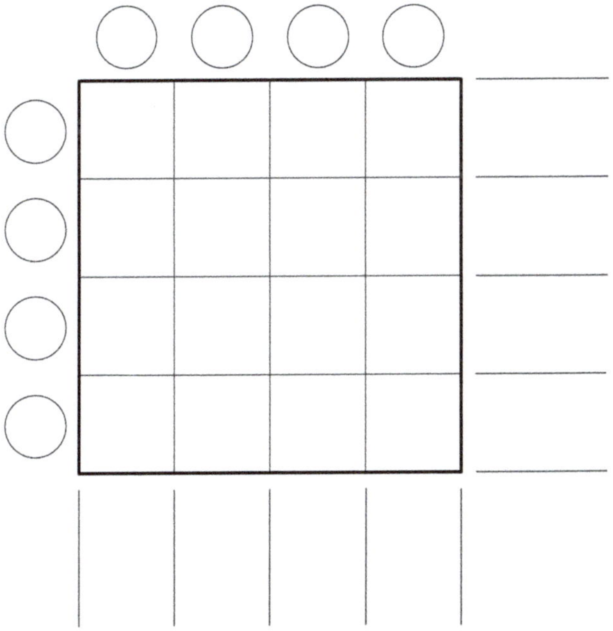

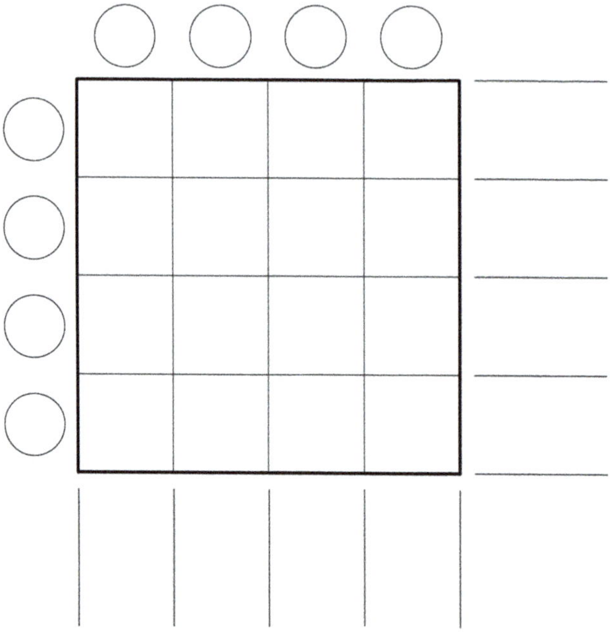

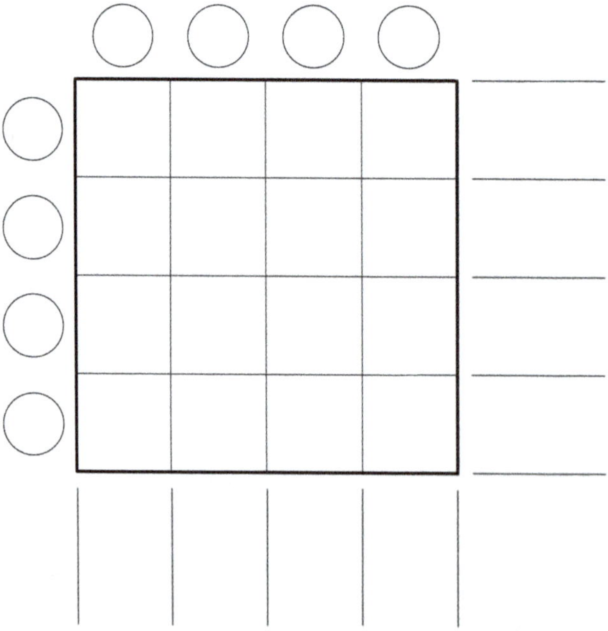

DO YOUR TESTS

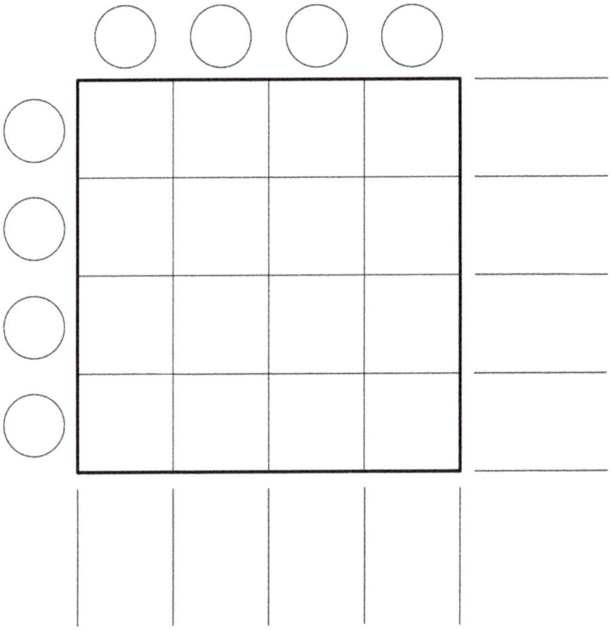

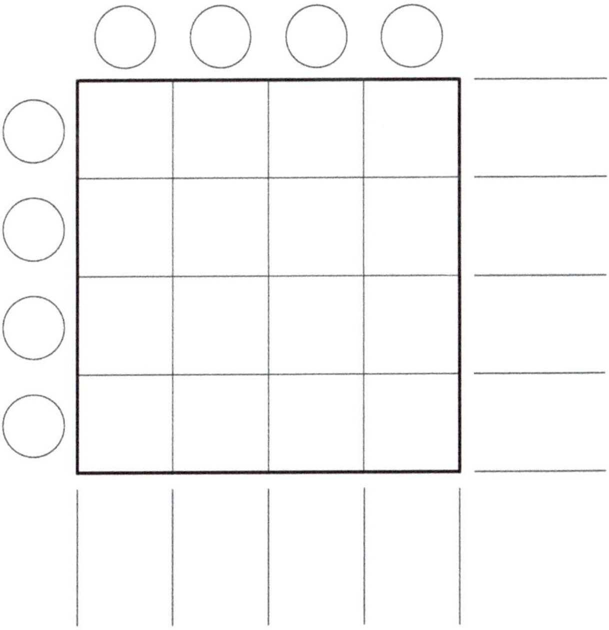

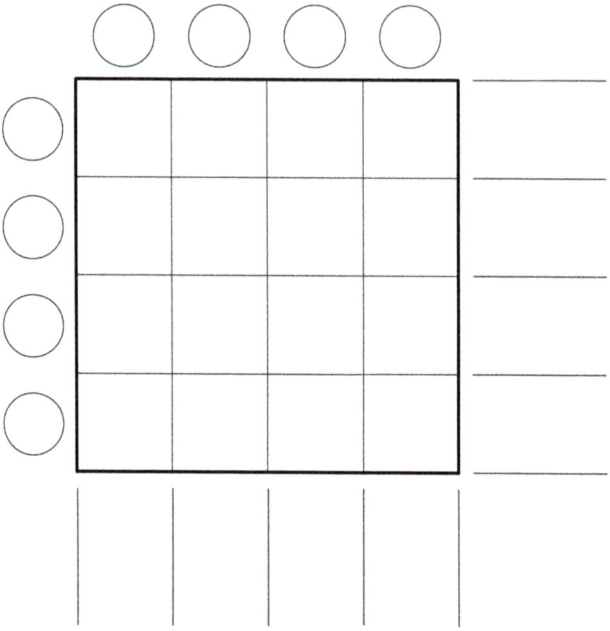

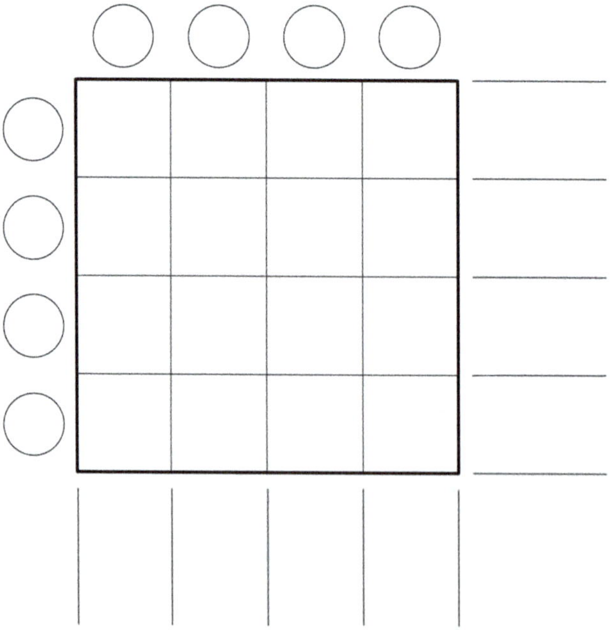

DO YOUR TESTS

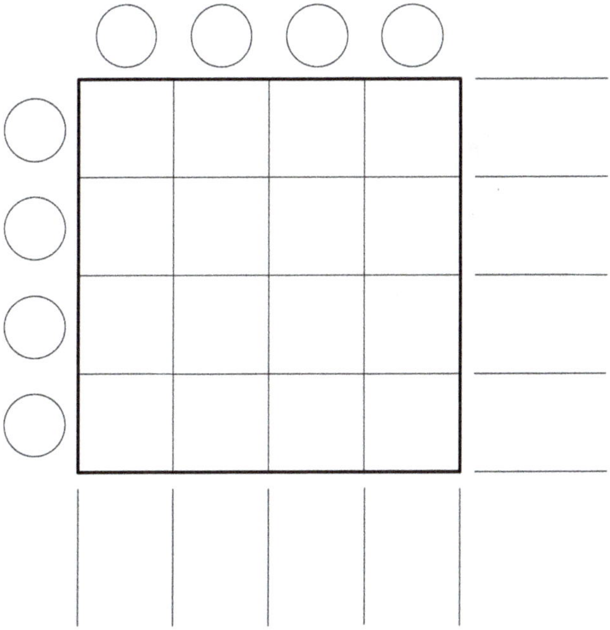

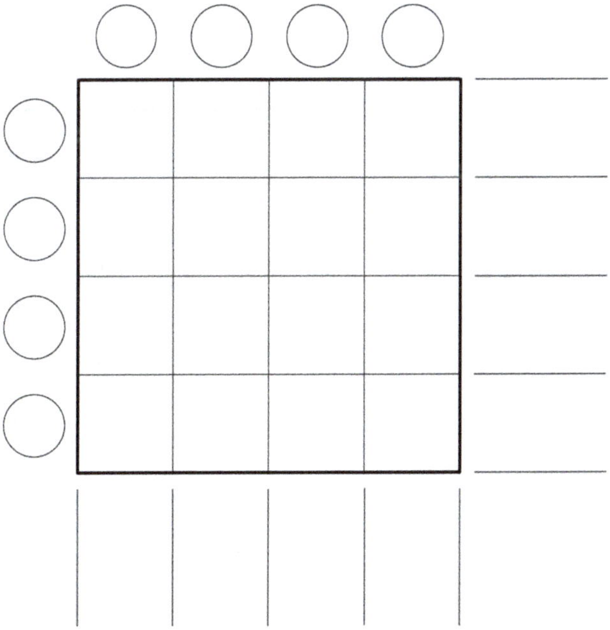

HARD

03231101

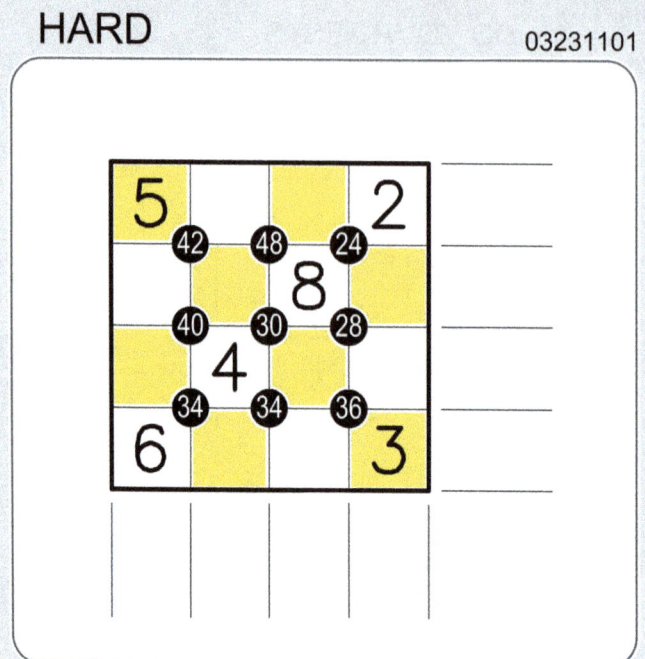

EXPERT

041415

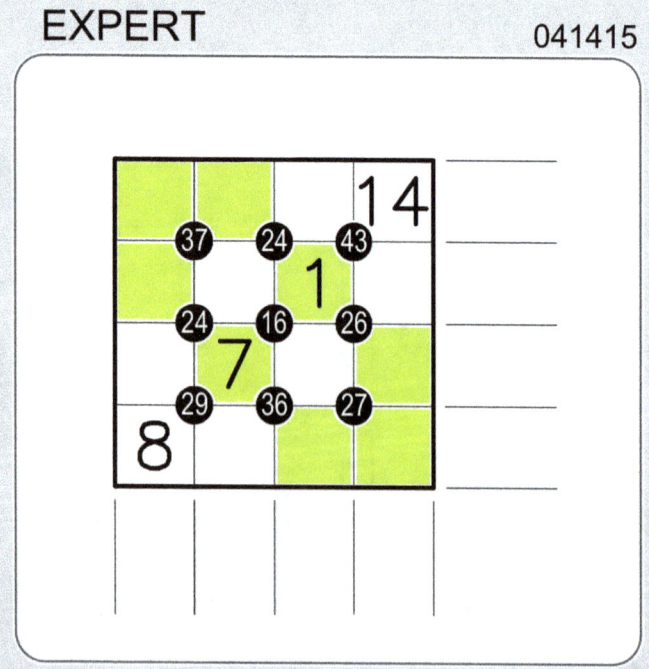

100+ **KUBOK 16** 01/2024

EASY

01231103

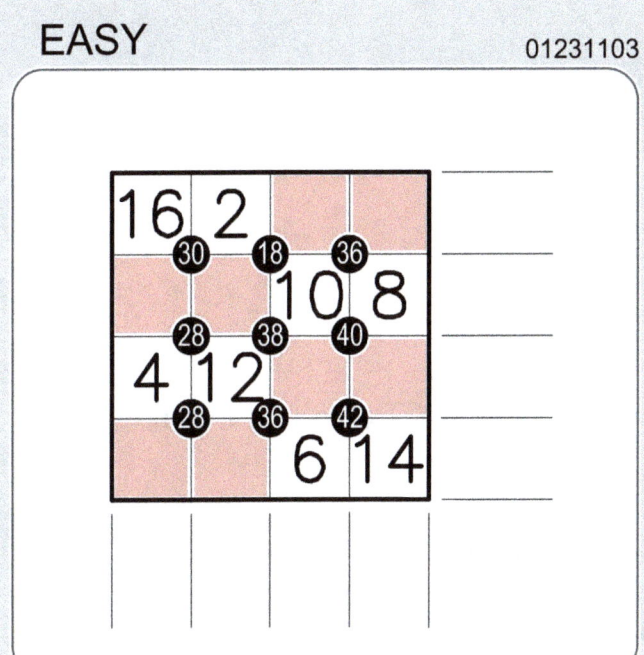

MEDIUM

02231102

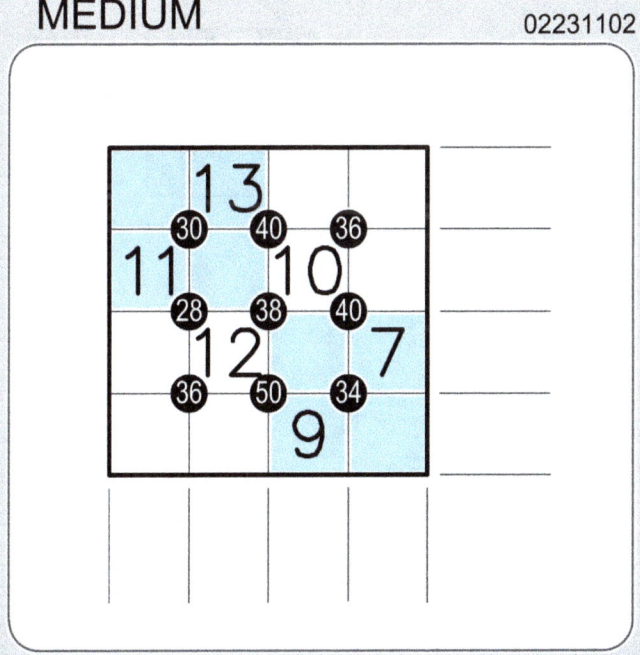

KUBOK® 16 COMPACT Odd and Even Rules

Insert the missing numbers 1-16 without repetitions so that the sum of the numbers present in each of the 4 boxes around each small black circle corresponds to the number inside the circle. Even numbers must be entered in the white boxes only.

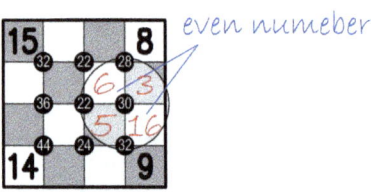

HARD

C-116

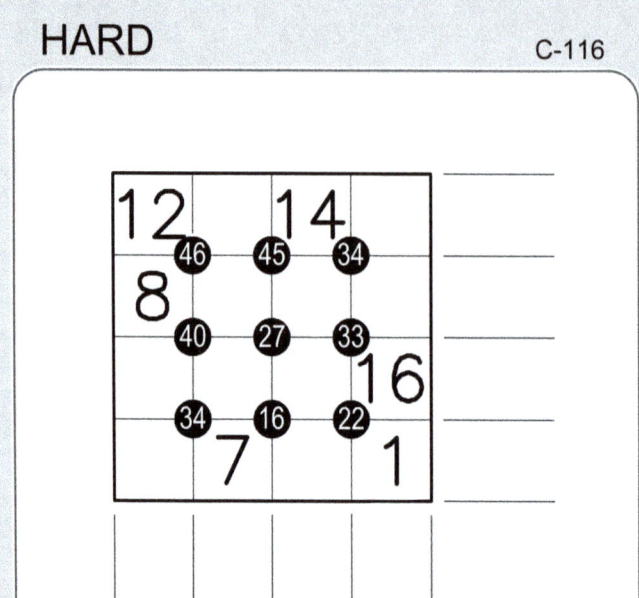

EXPERT

C-117

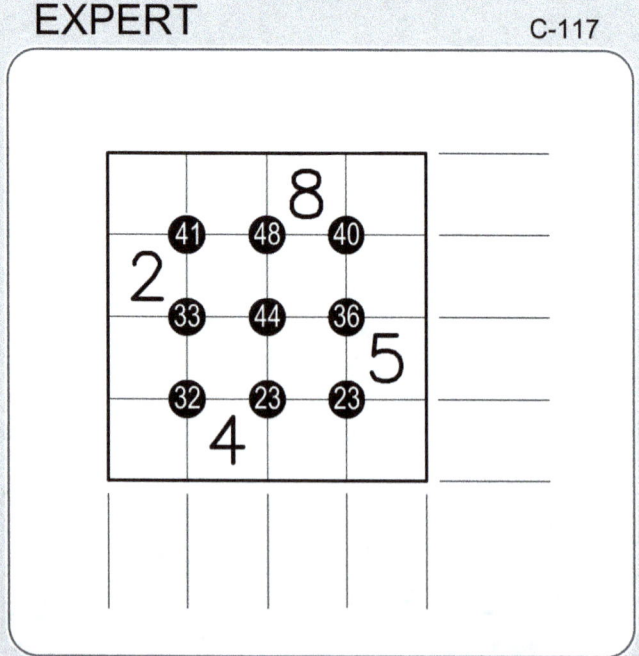

EASY

C-114

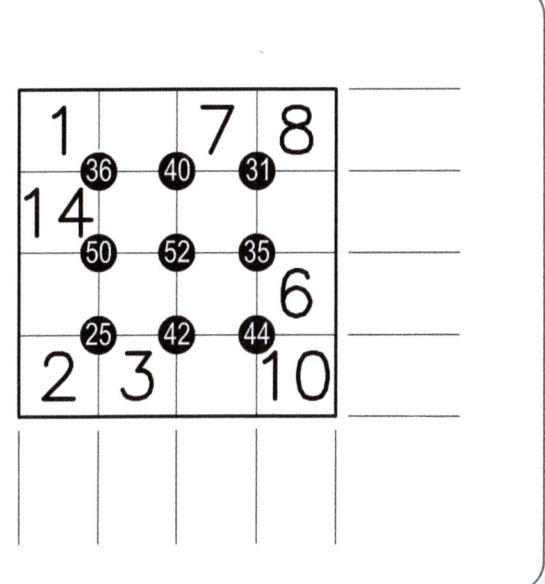

MEDIUM

C-115

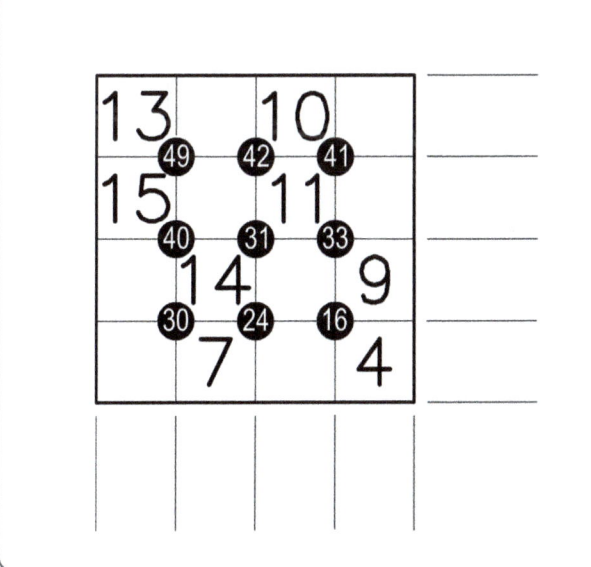

KUBOK® 16 COMPACT - Rules

Fill in the missing numbers 1-16 without repetition so that the sum of the numbers in each of the boxes around each small black circle corresponds to the number inside the small circle.

HARD

M-od-1101

EXPERT

M-od-1415

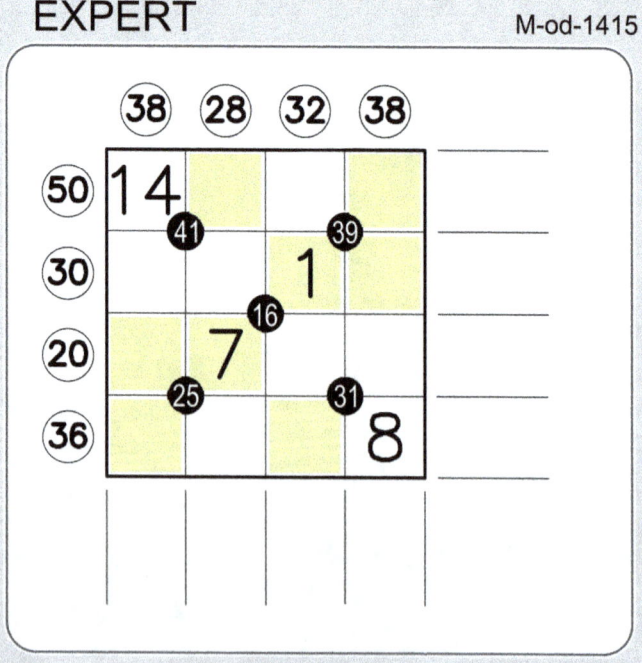

100+ **KUBOK 16** 01/2024

EASY

M-od-1103

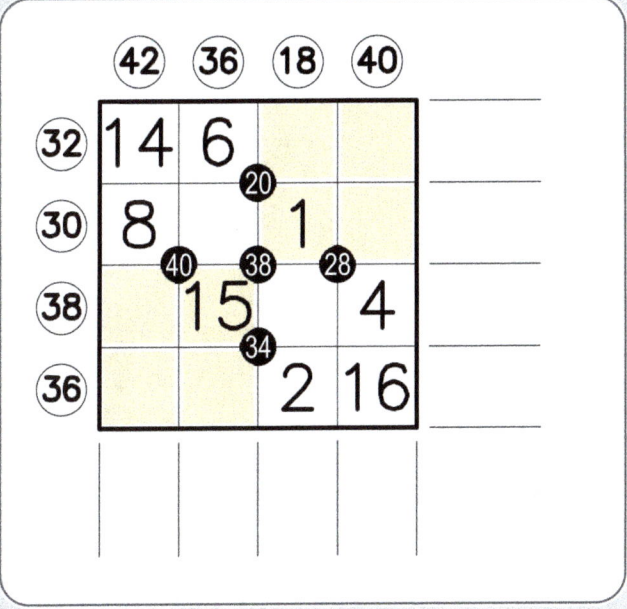

MEDIUM

M-od-1102

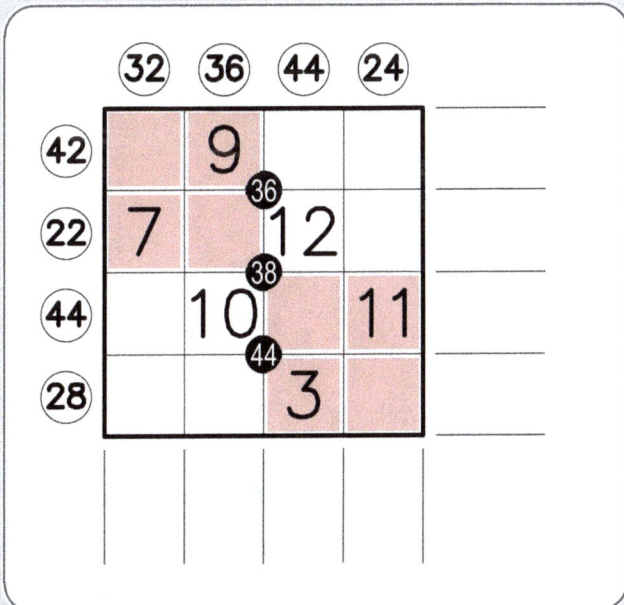

KUBOK® 16 MIX Odd-and Even - Rules

Fill in the missing numbers 1-16 without repetitions so that the sum of the four numbers in each row and column is equal to the corresponding circled number.

The sum of the 4 numbers in the boxes around each small black circle must correspond to the number inside the small circle. Even numbers must be entered in the white boxes only.

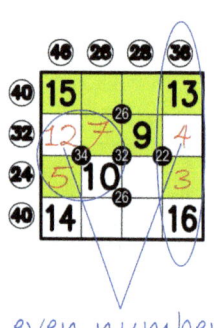

even number

HARD
M-116

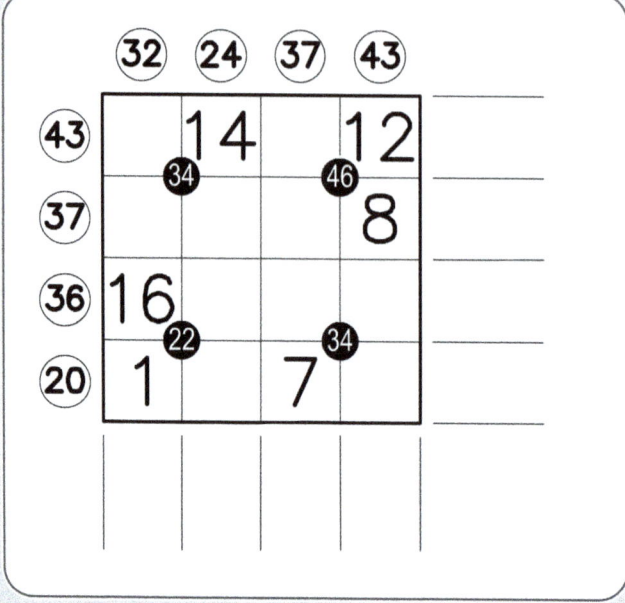

EXPERT
M-117

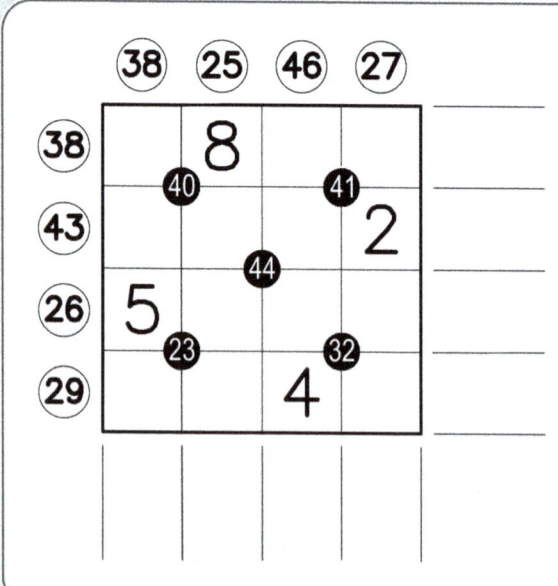

EASY

M-114

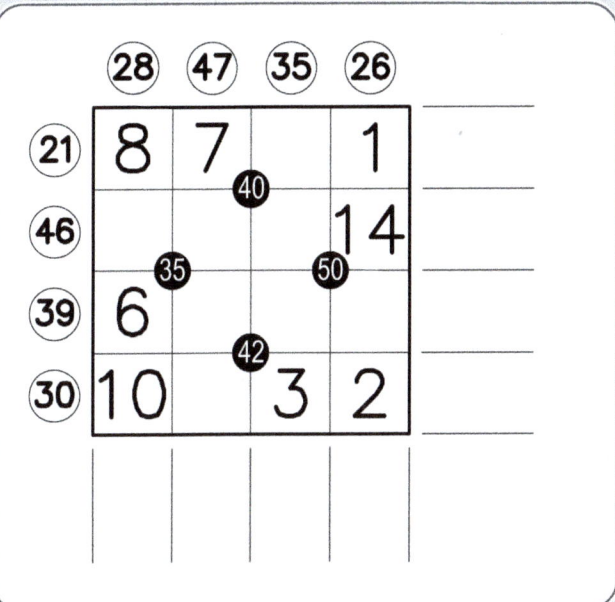

MEDIUM

M-115

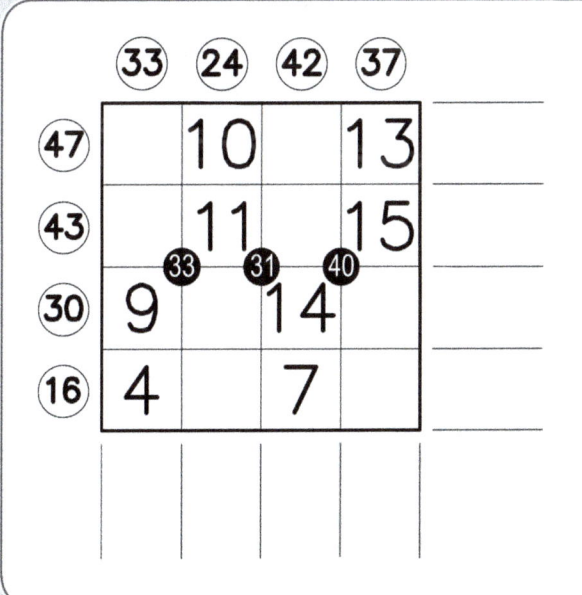

KUBO⟩⟨® 16 MIX - Rules

Fill in the missing numbers 1-16 without repetitions so that the sum of the four numbers in each row and column is equal to the corresponding circled number.

The sum of the 4 numbers in the boxes around each small black circle must correspond to the number inside the small circle.

HARD

03231101

EXPERT

04141541

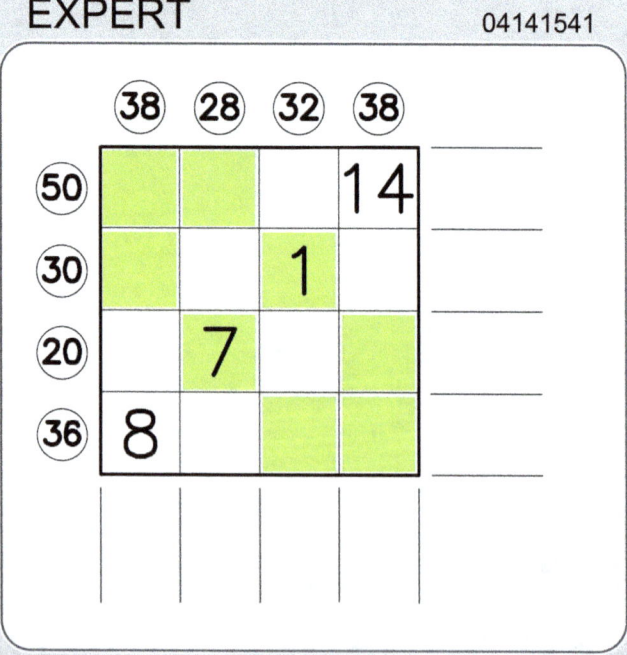

100+ **KUBOK 16** 01/2024

EASY

01231103

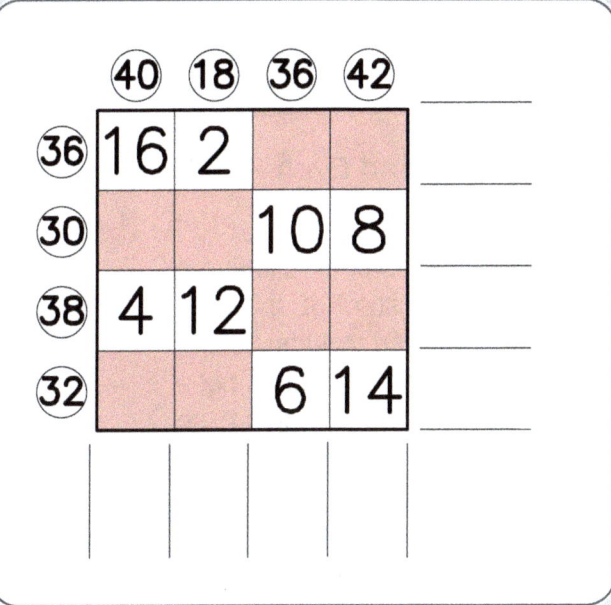

MEDIUM

02231102

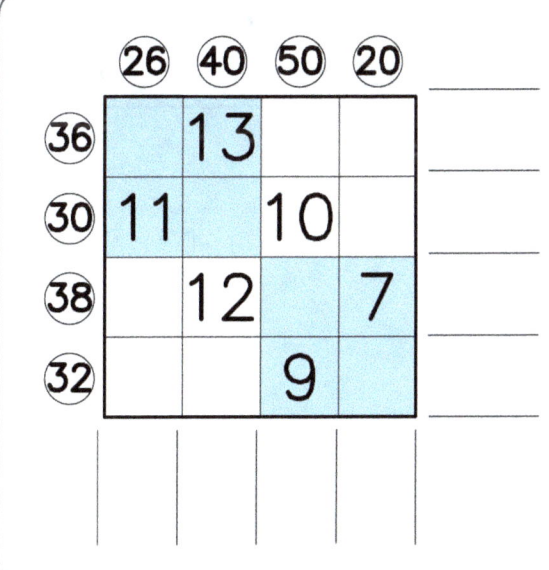

KUBOK 16 Odd and Even - Rules

Enter the missing numbers 1-16 without repetitions so that the sum of the four numbers in each row and column is the same as the corresponding circled number. Even numbers will only be placed in the white boxes.

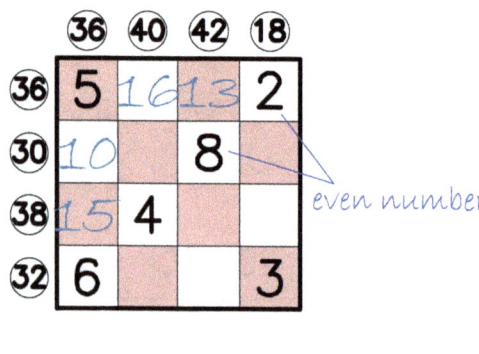

even number

HARD

200

	(15)	(48)	(32)	(41)
(23)	2			
(35)		12		
(37)	13	10		
(41)				7

EXPERT

201

	(34)	(32)	(33)	(37)
(57)	16			
(29)		5		
(35)			10	
(15)				9

EASY

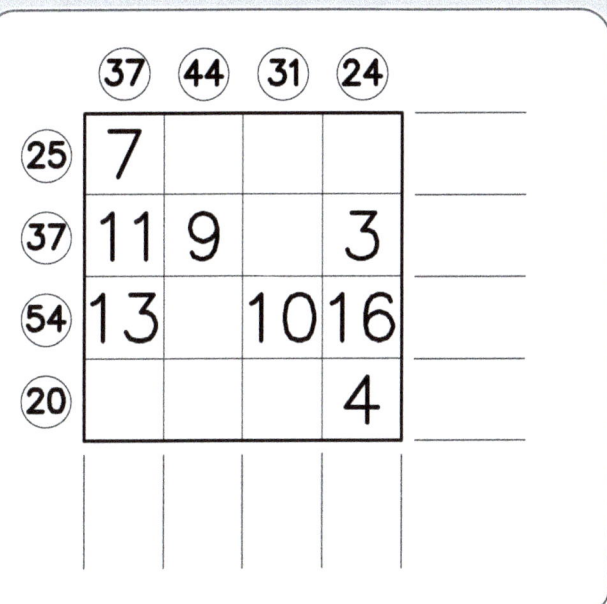

MEDIUM

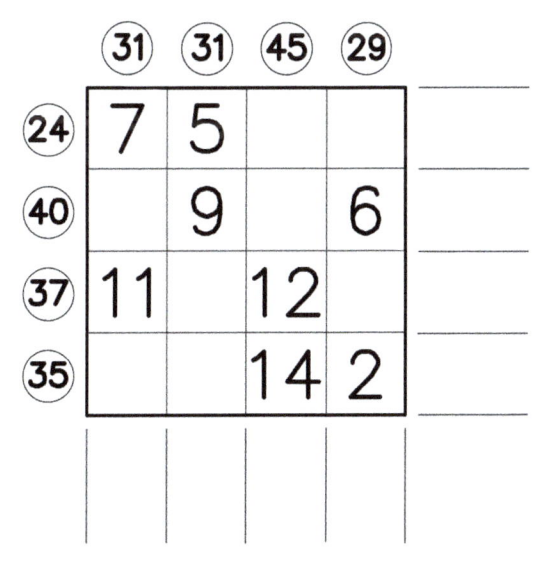

HARD

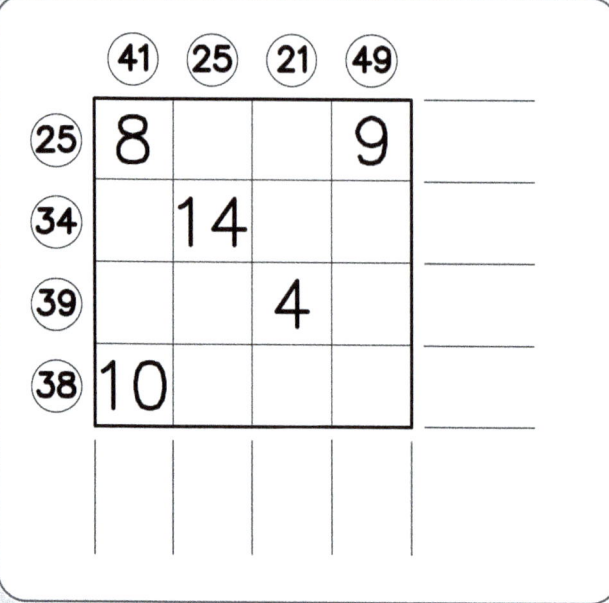

EXPERT

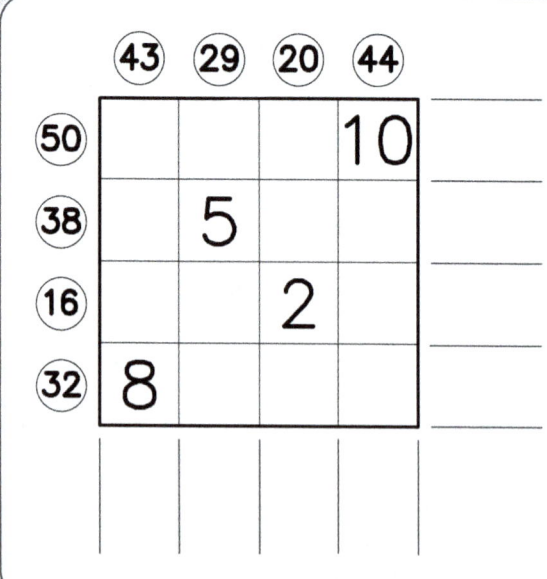

EASY

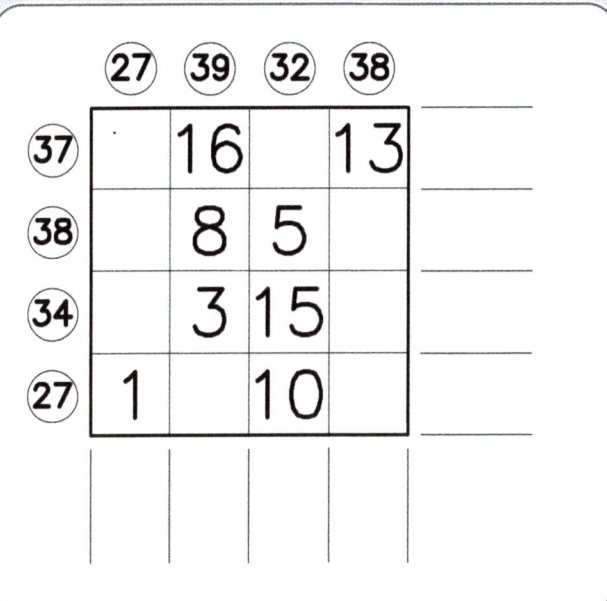

MEDIUM

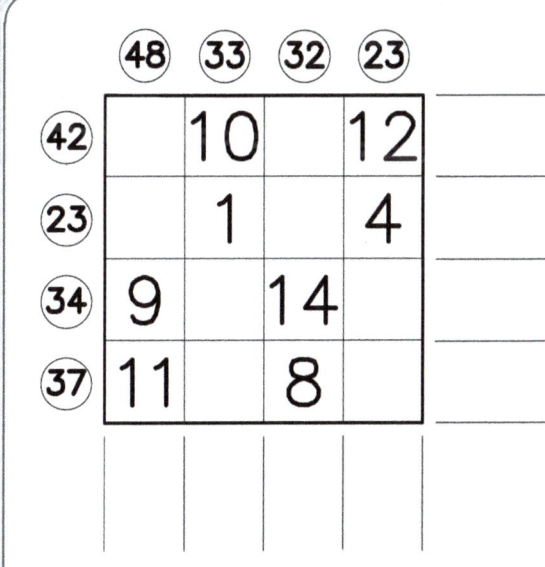

HARD

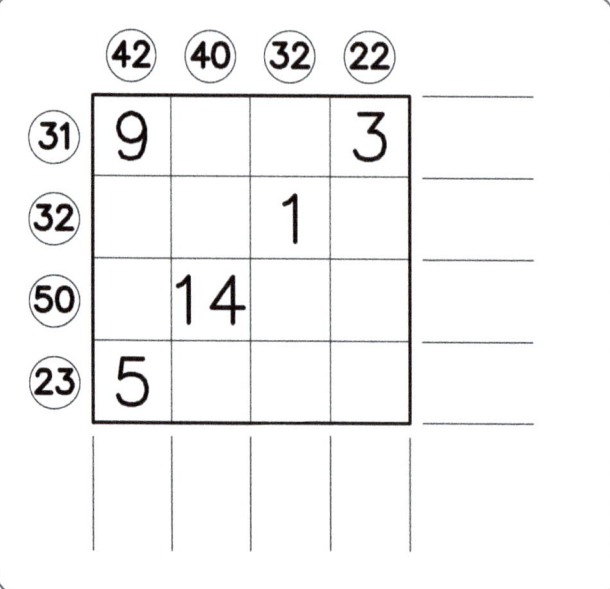

EXPERT

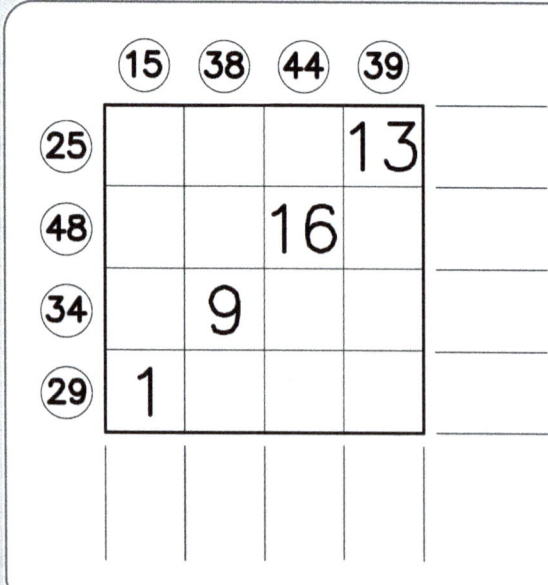

EASY

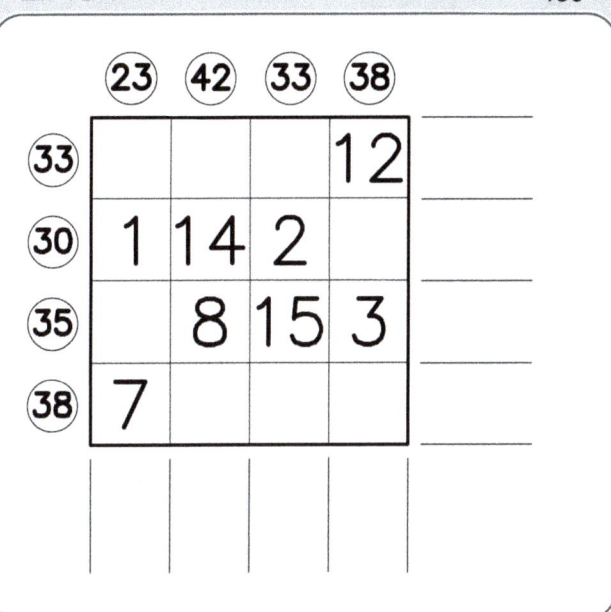

MEDIUM

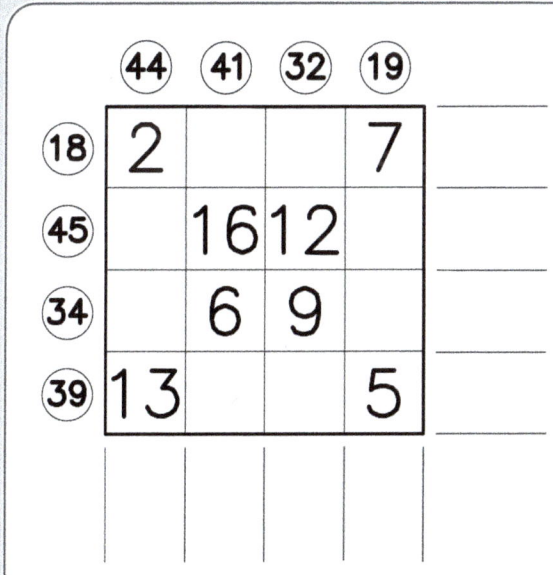

HARD

EXPERT

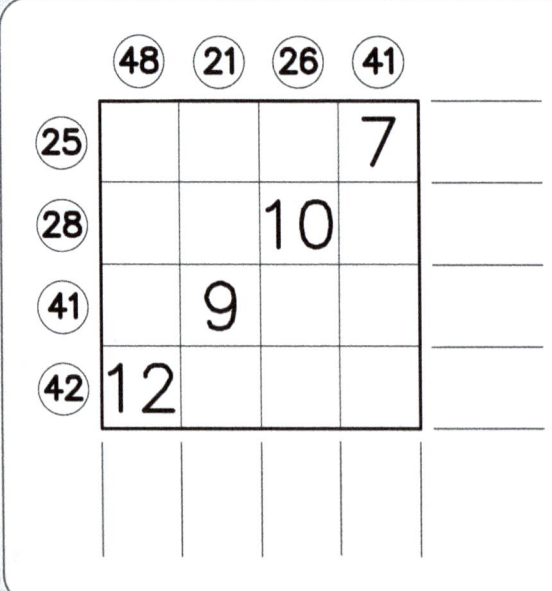

EASY

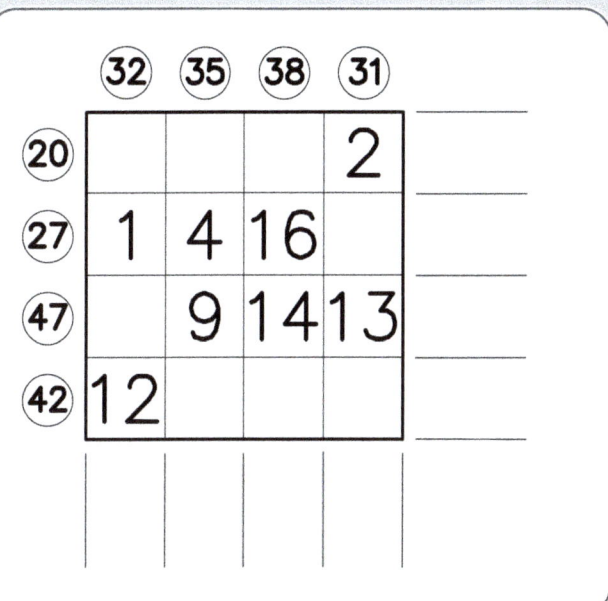

MEDIUM

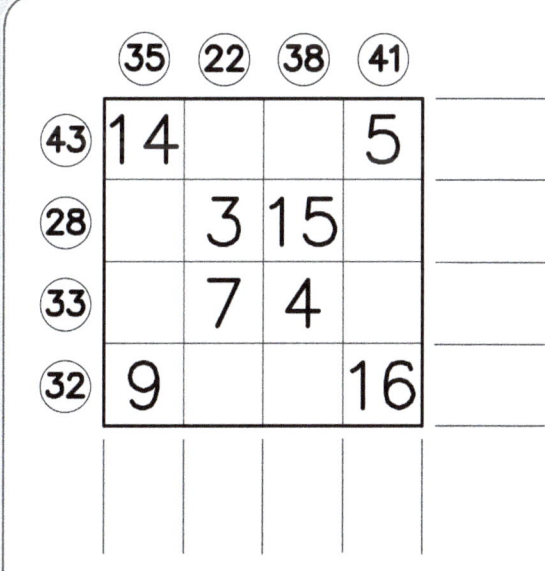

HARD

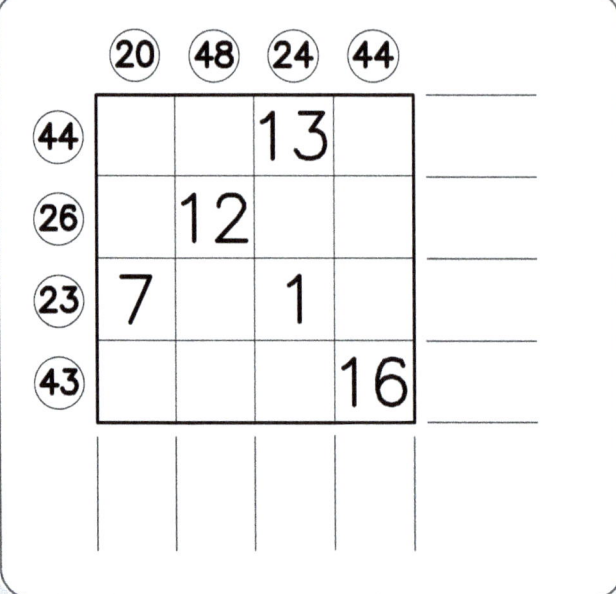

EXPERT

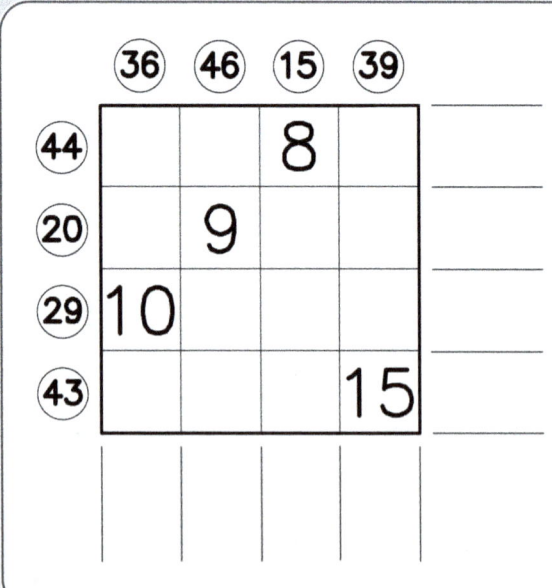

EASY

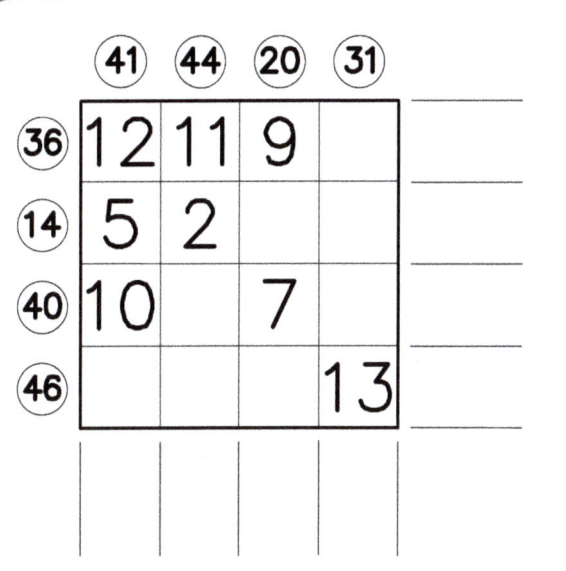

MEDIUM

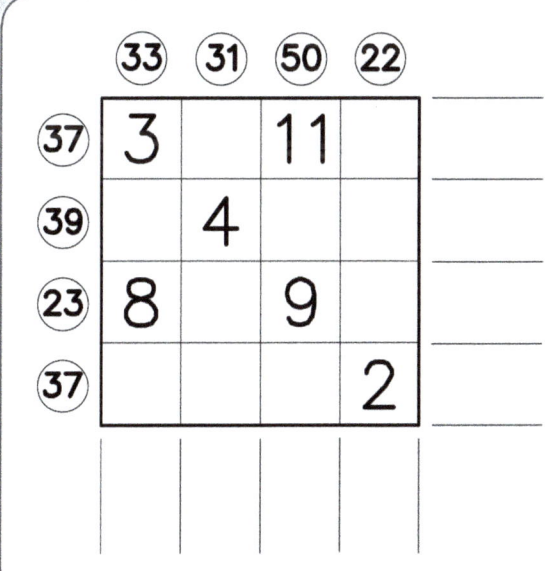

HARD

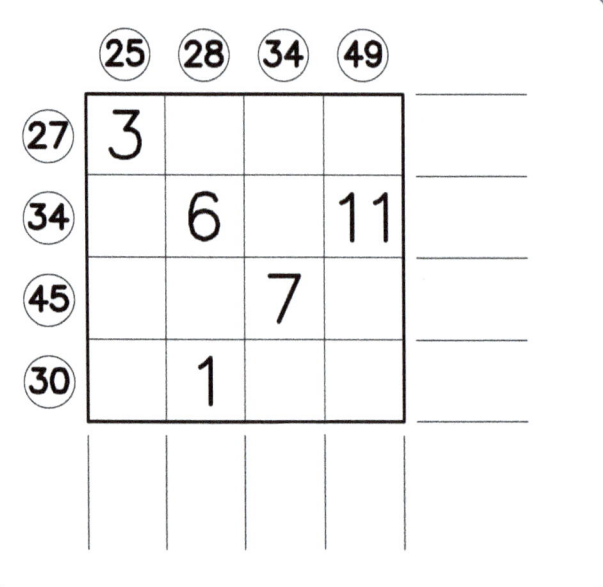

EXPERT

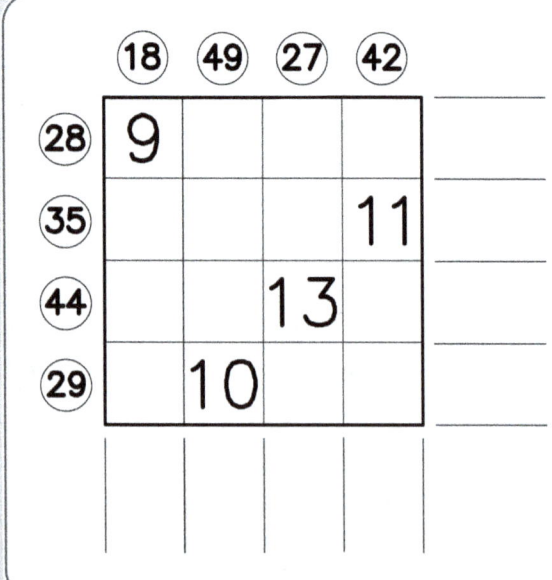

EASY

178

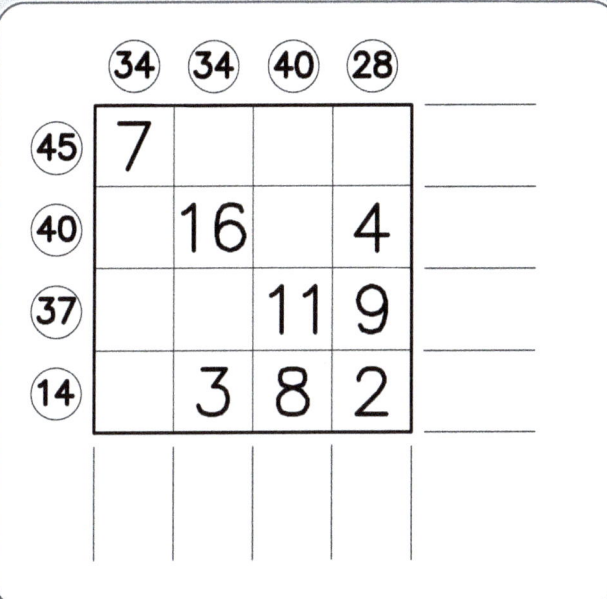

MEDIUM

179

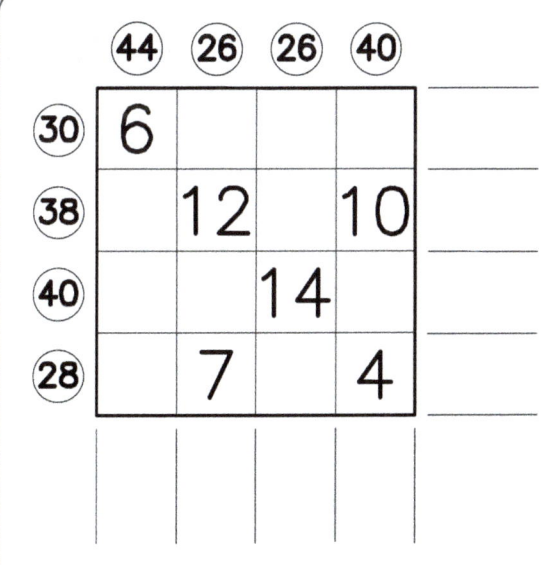

HARD

176

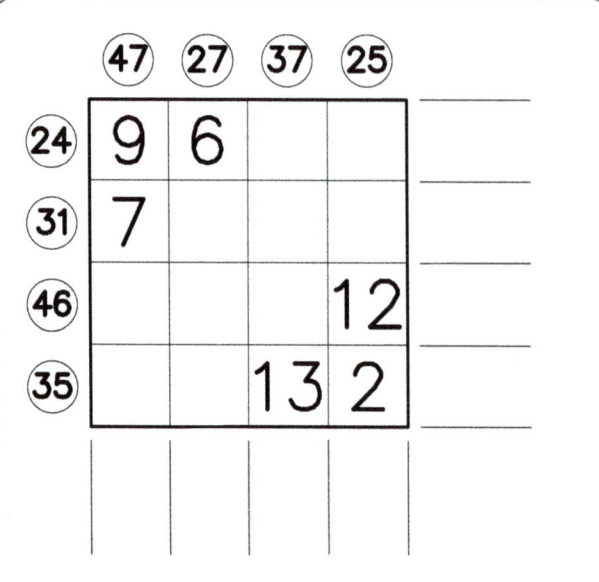

EXPERT

177

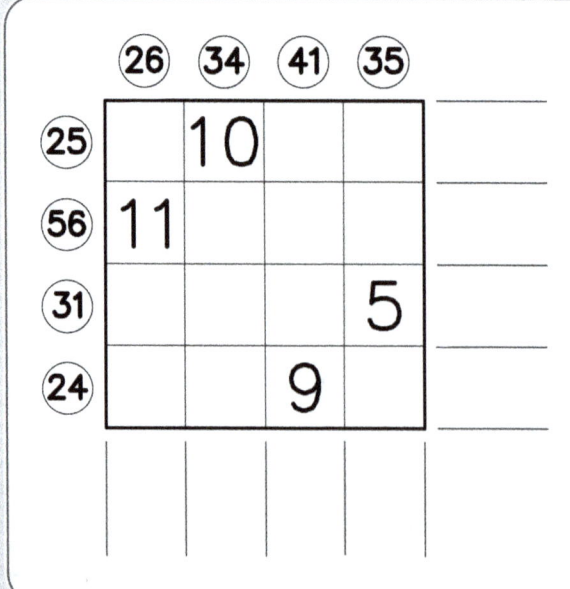

EASY

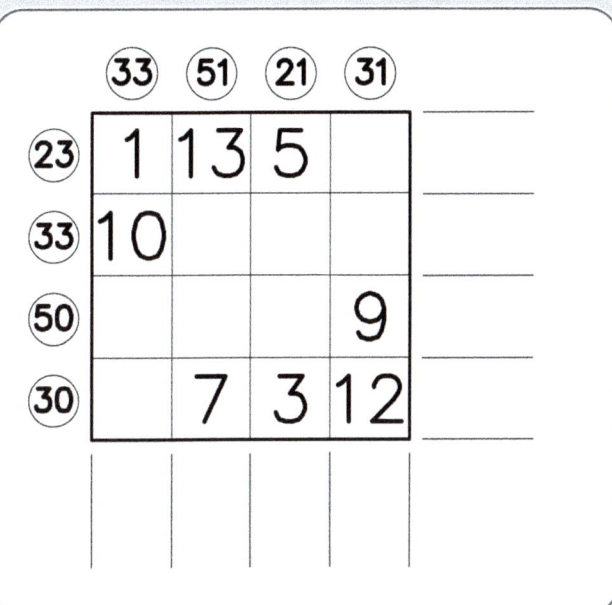

MEDIUM

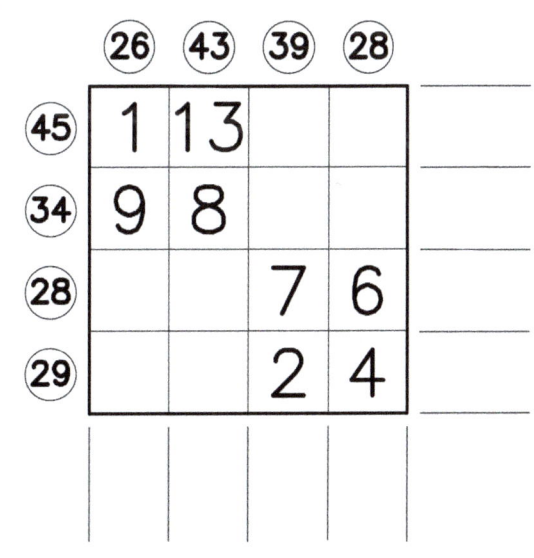

HARD

172

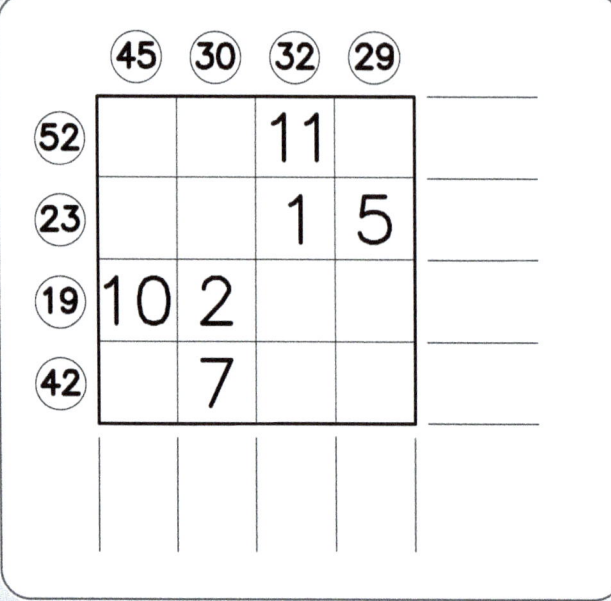

EXPERT

173

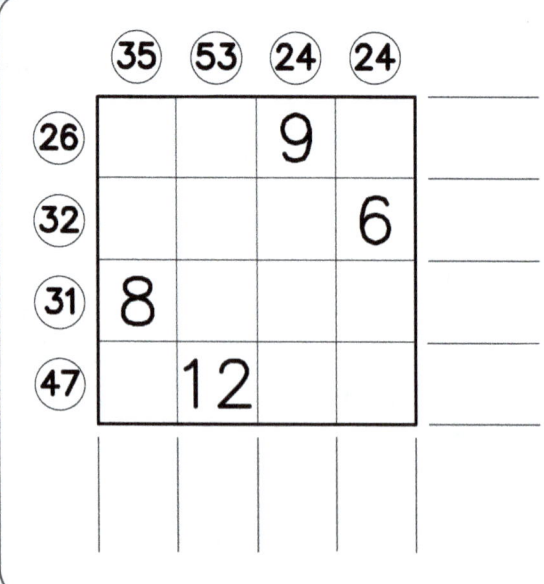

EASY

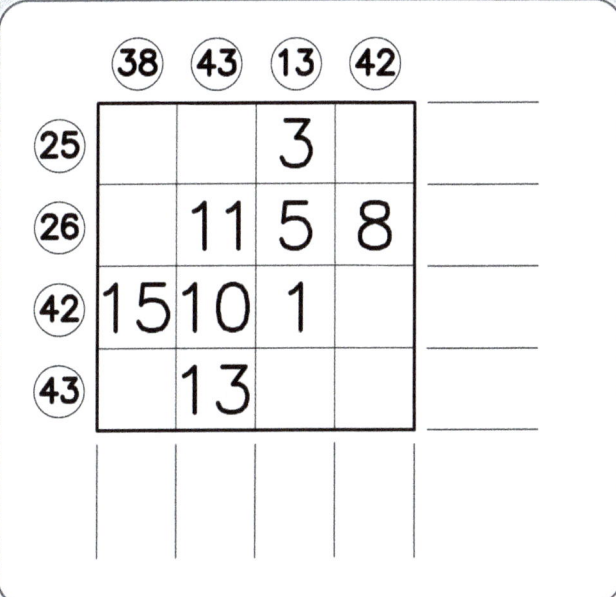

MEDIUM

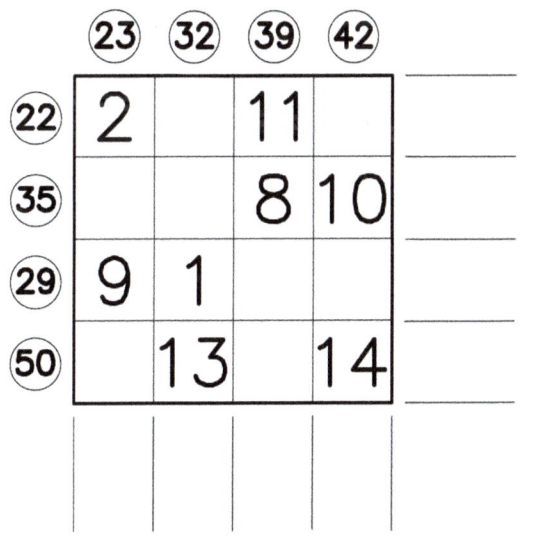

HARD

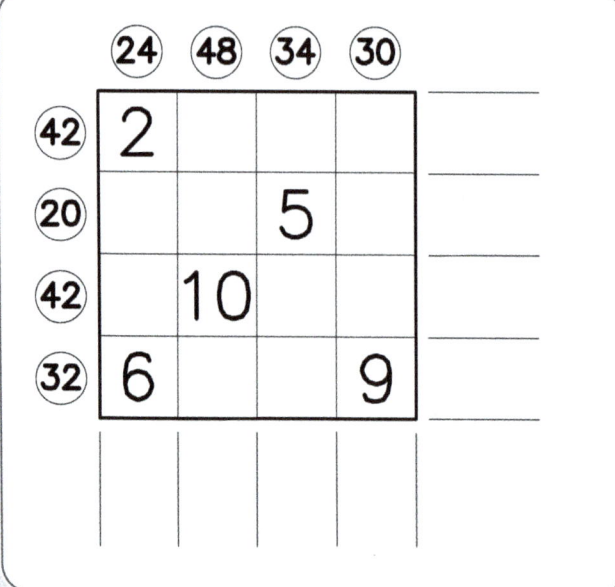

EXPERT

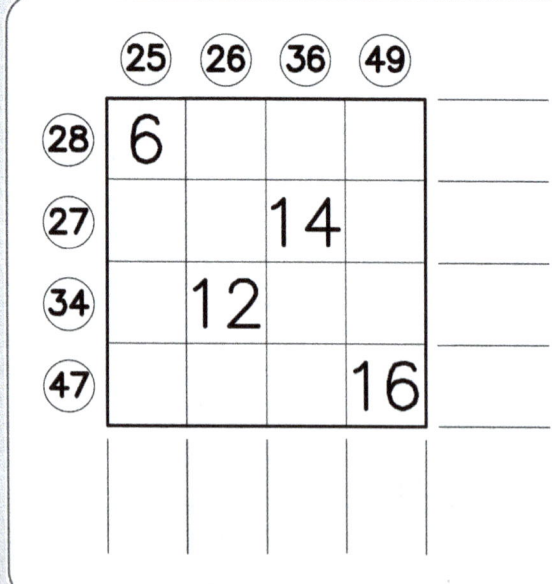

EASY

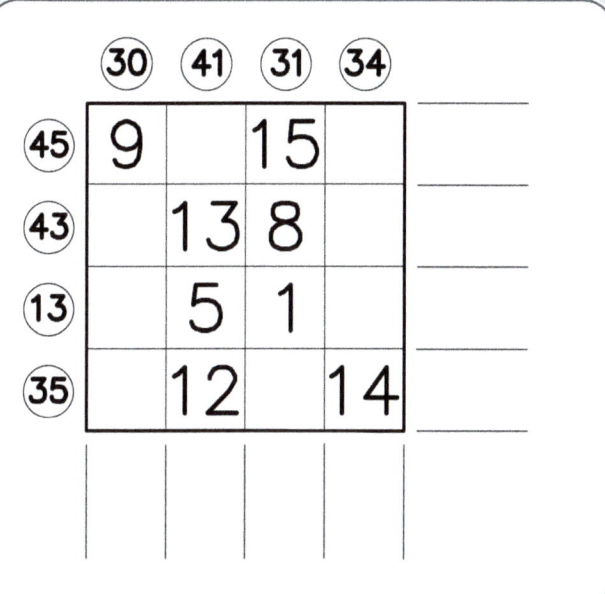

MEDIUM

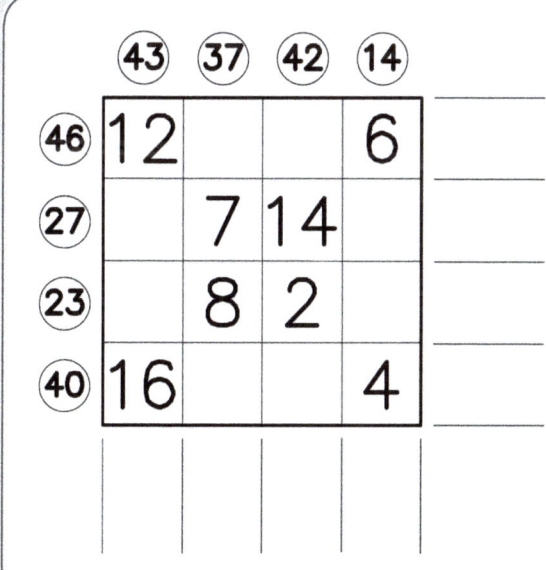

HARD

164

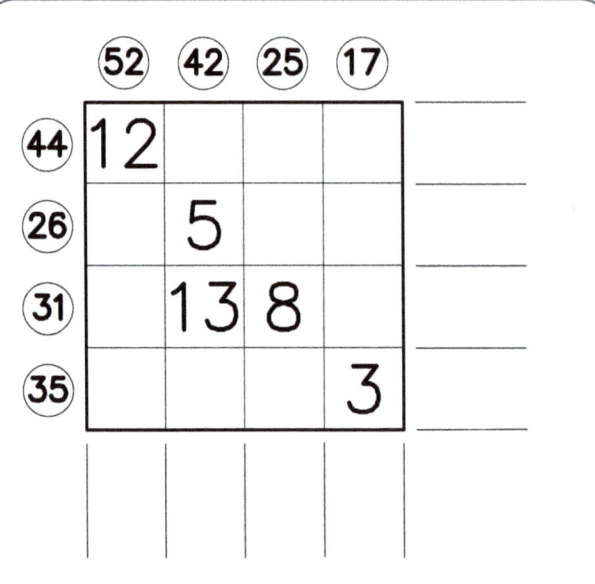

EXPERT

165

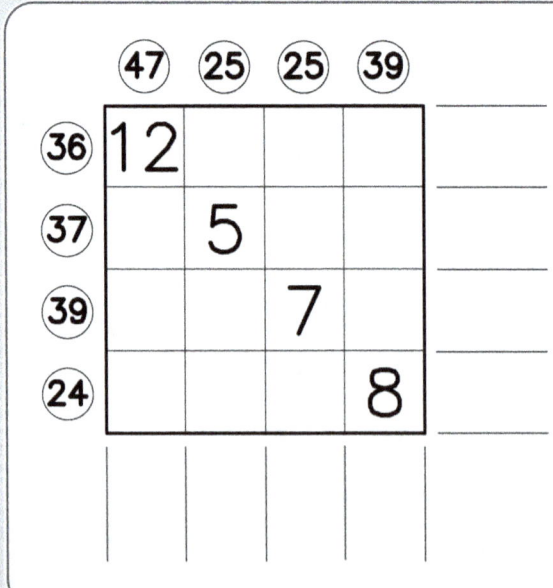

EASY

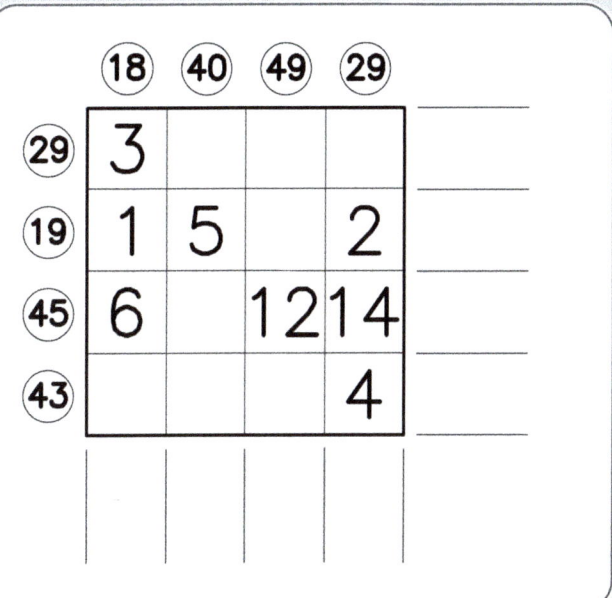

MEDIUM

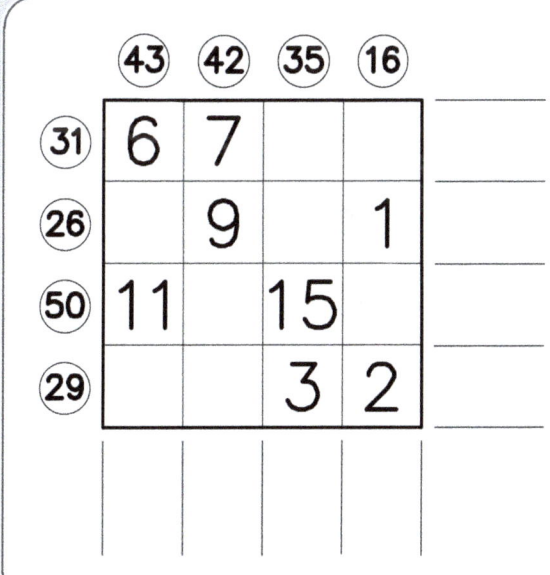

HARD

160

	㊴	㊴	㊳	⑳
㉝	8			11
㊷		16		
㉖			1	
㉟	14			

EXPERT

161

	㊲	㊹	㉞	㉑
㊶				10
⑳		8		
㉞			12	
㊶	16			

EASY

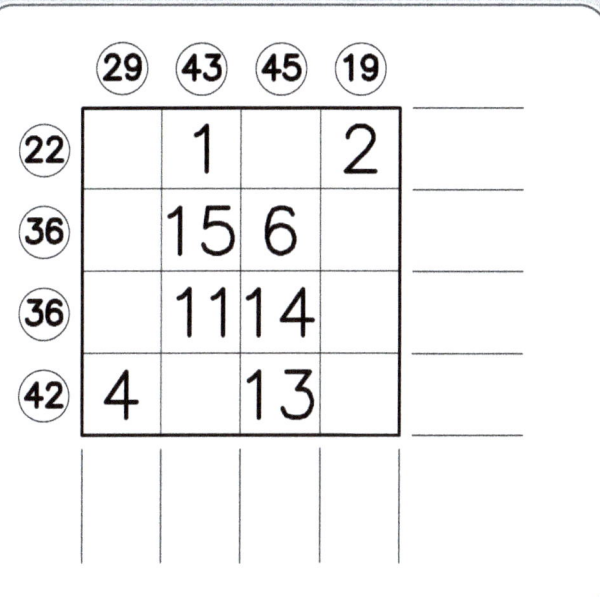

MEDIUM

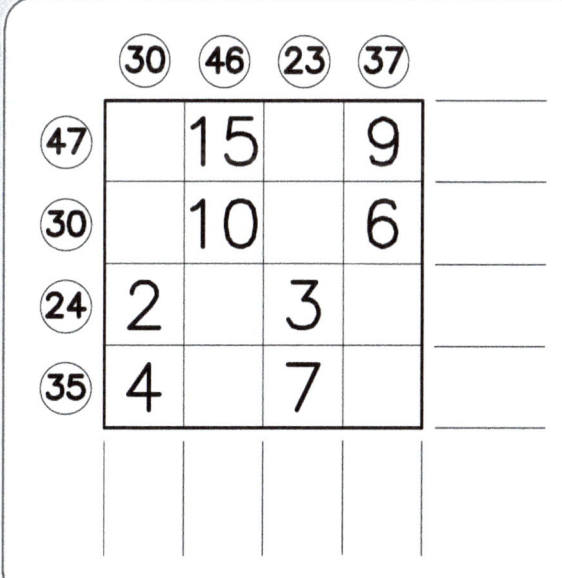

HARD

156

	㉘	㉛	㊵	㉒
㊳	15			1
㉝			12	
㉟		10		
㉚	8			

(Column sums: 38, 33, 35, 30; Row sums: 28, 31, 55, 22)

EXPERT

157

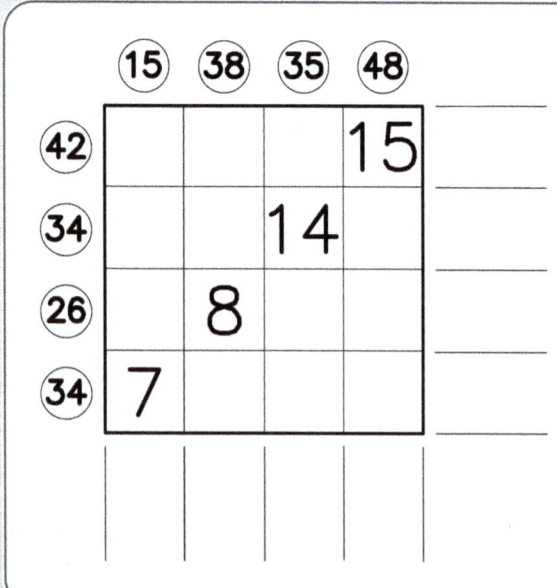

(Column sums: 15, 38, 35, 48; Row sums: 42, 34, 26, 34; with 15, 14, 8, 7 placed in the grid)

35

EASY

154

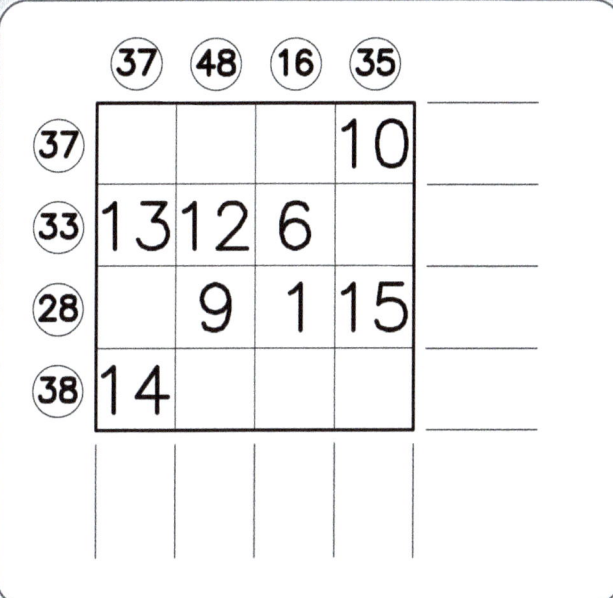

MEDIUM

155

HARD

152

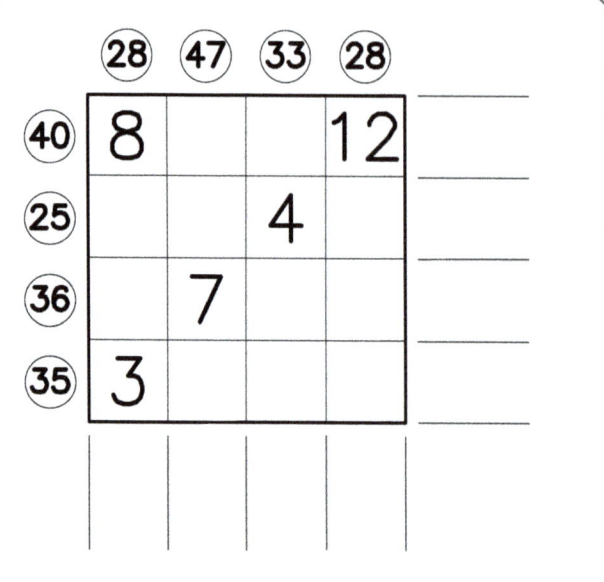

EXPERT

153

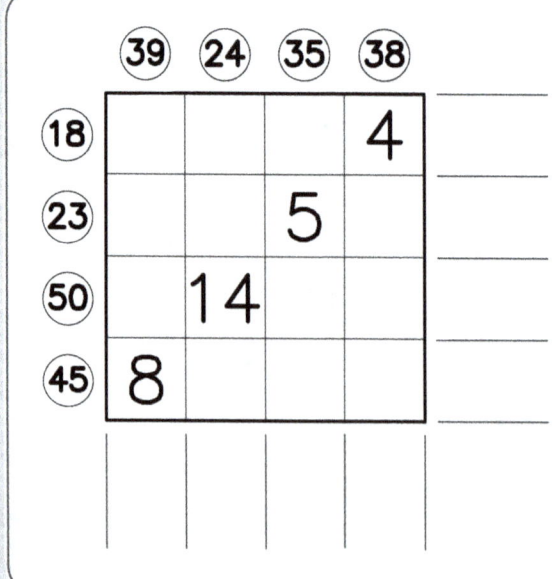

EASY

150

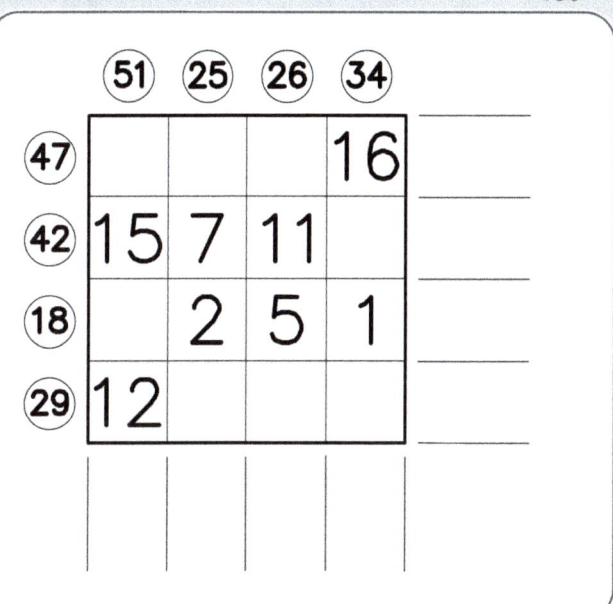

MEDIUM

151

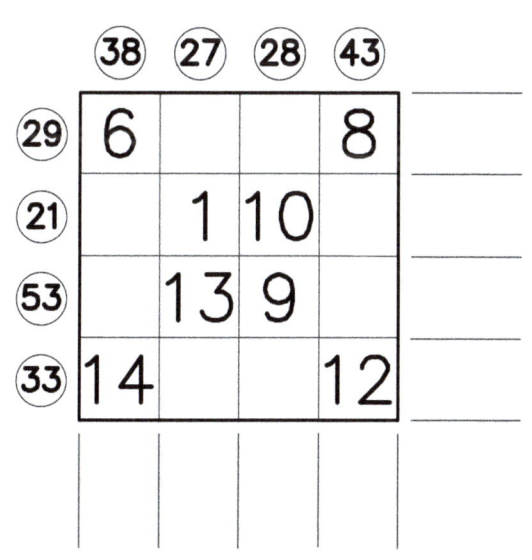

HARD

148

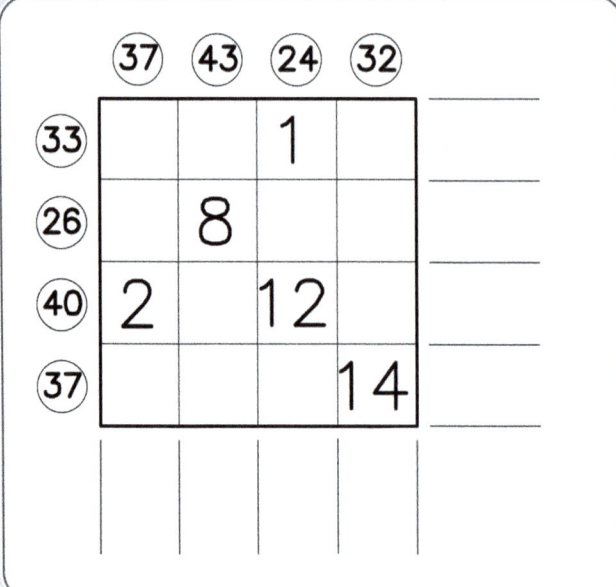

EXPERT

149

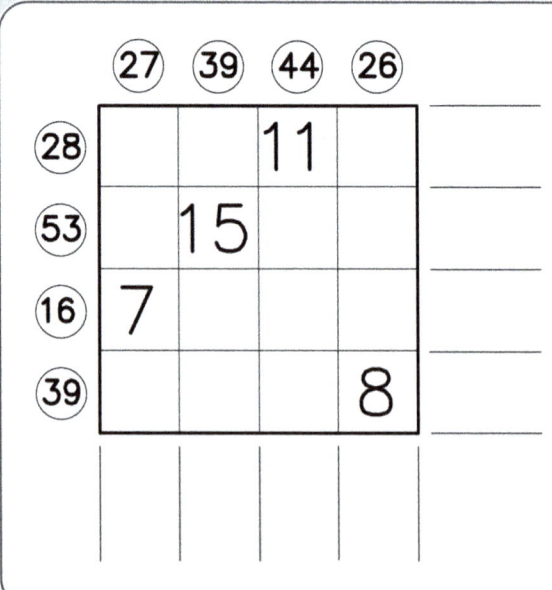

EASY

146

	㉚	㉟	㊹	㉗
㉟	10	11	8	
㊹	2	16		
㊵	15		13	
⑰				4

MEDIUM

147

	⑳	㉔	㊶	㊶
㊺	11		12	
㉝		4		
㉓	1		3	
㉟				9

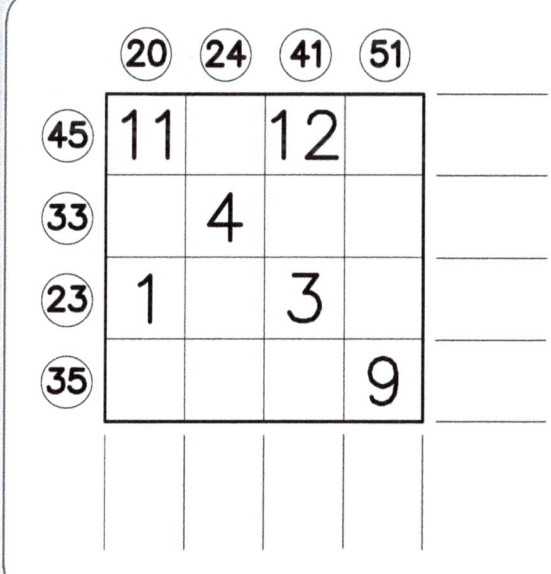

HARD

144

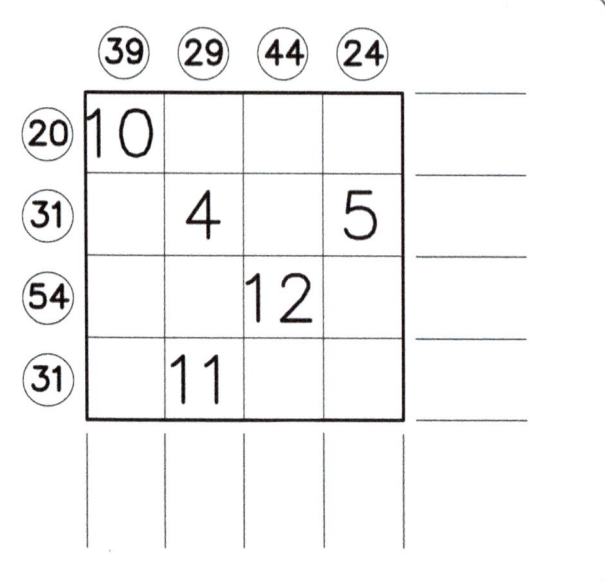

EXPERT

145

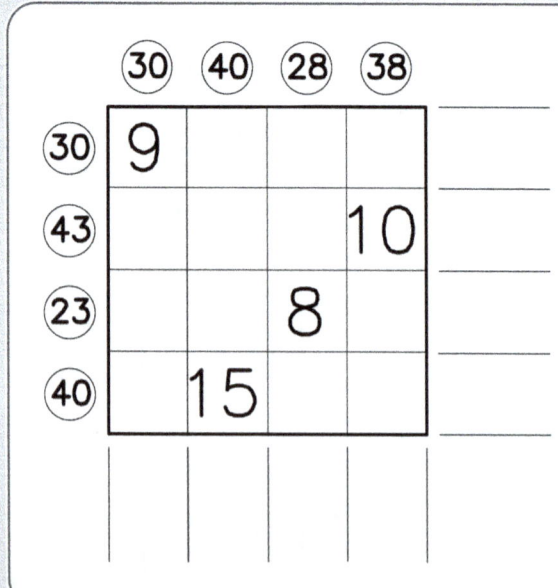

29

EASY

142

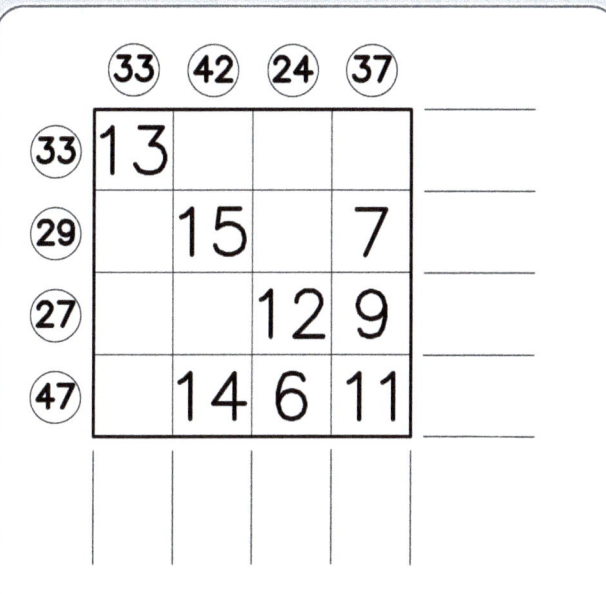

MEDIUM

143

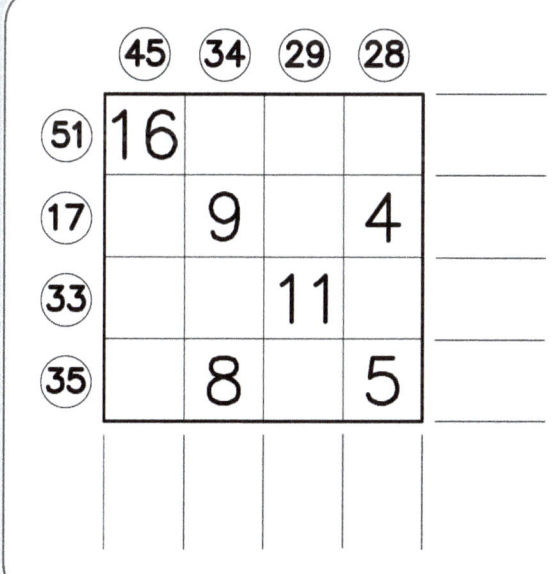

HARD

140

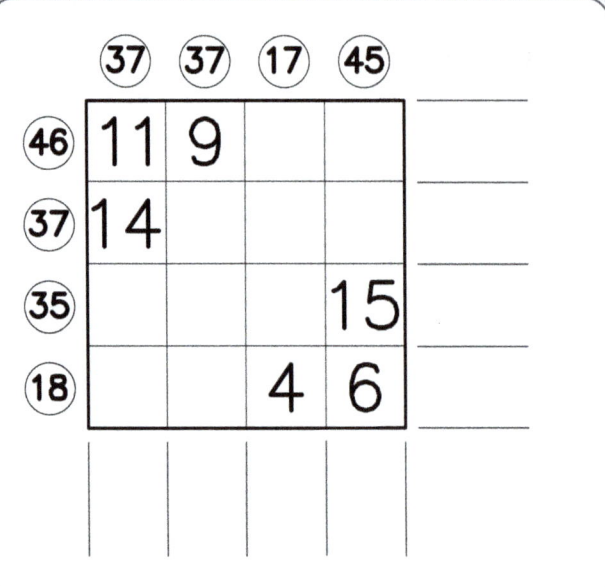

EXPERT

141

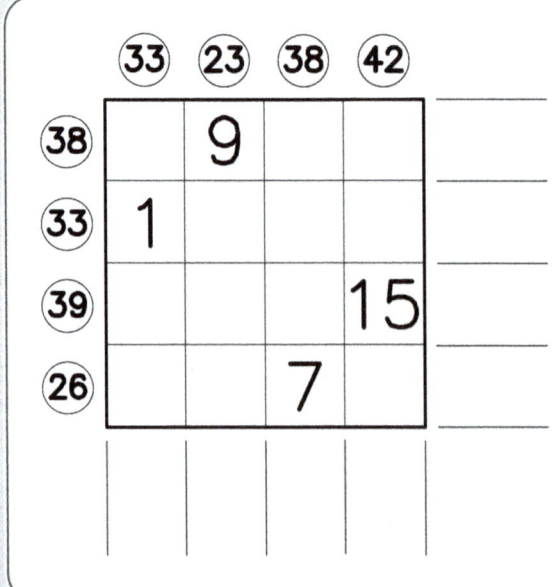

EASY

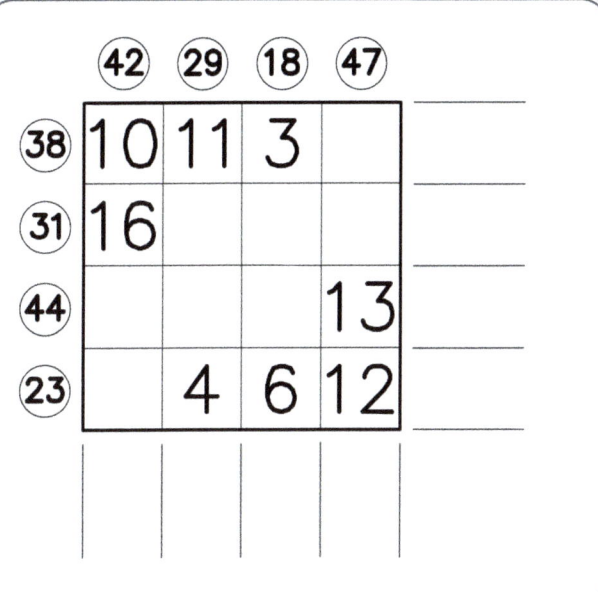

MEDIUM

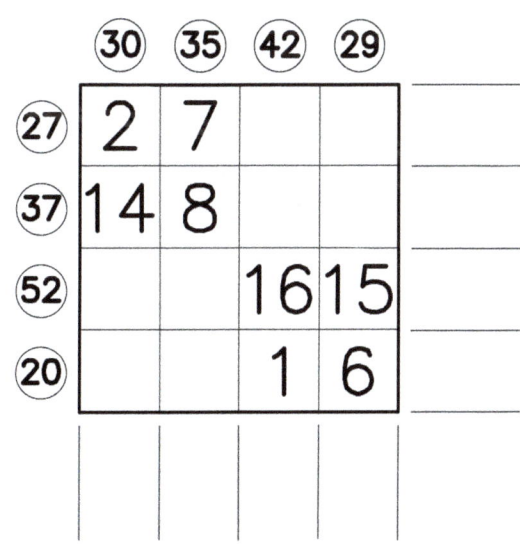

HARD

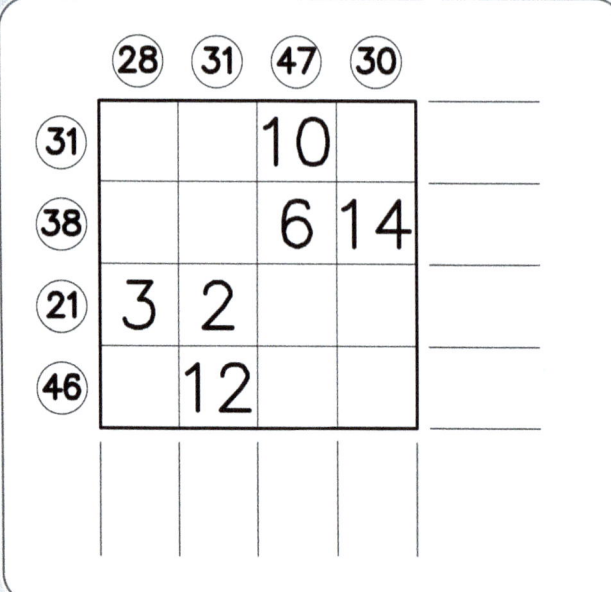

EXPERT

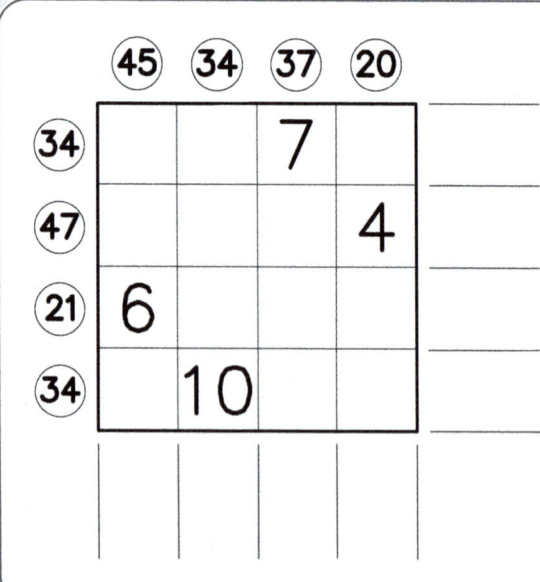

EASY

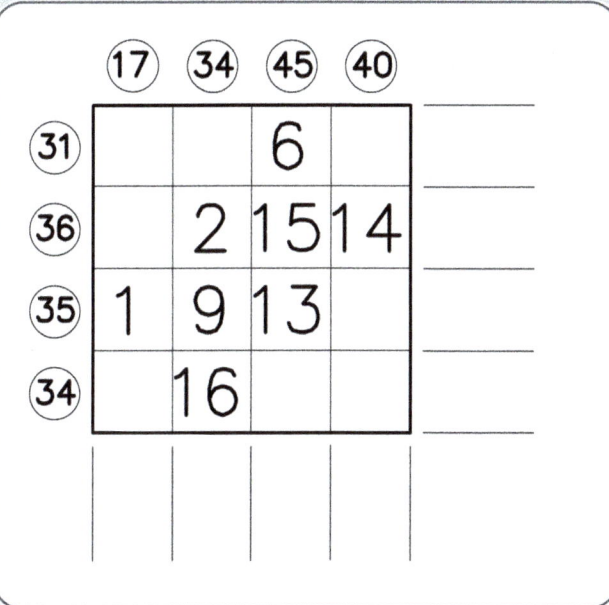

MEDIUM

HARD

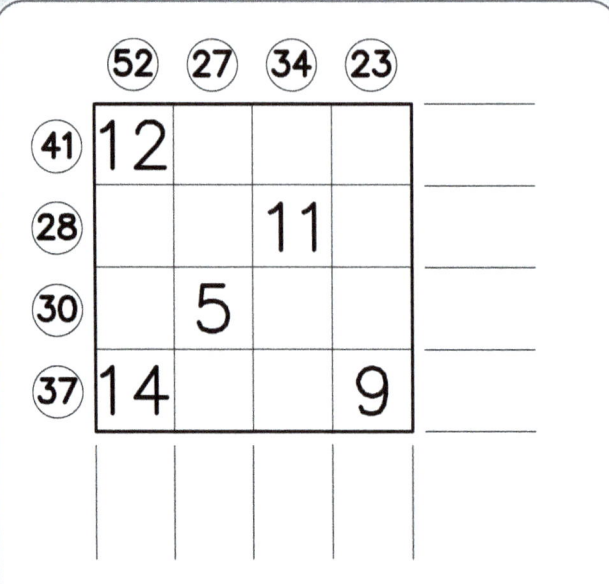

EXPERT

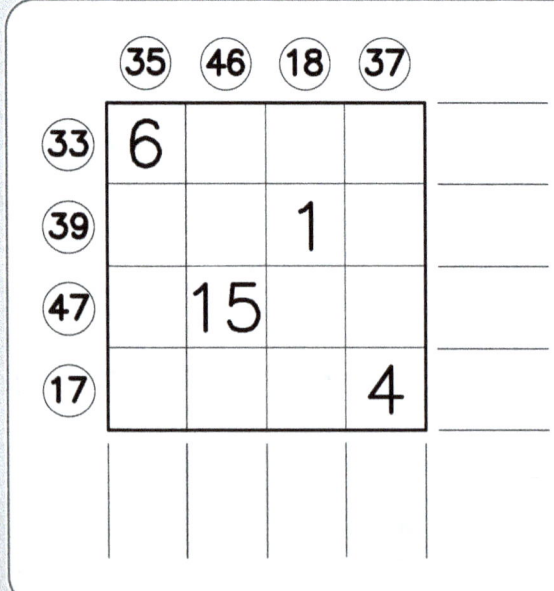

EASY

130

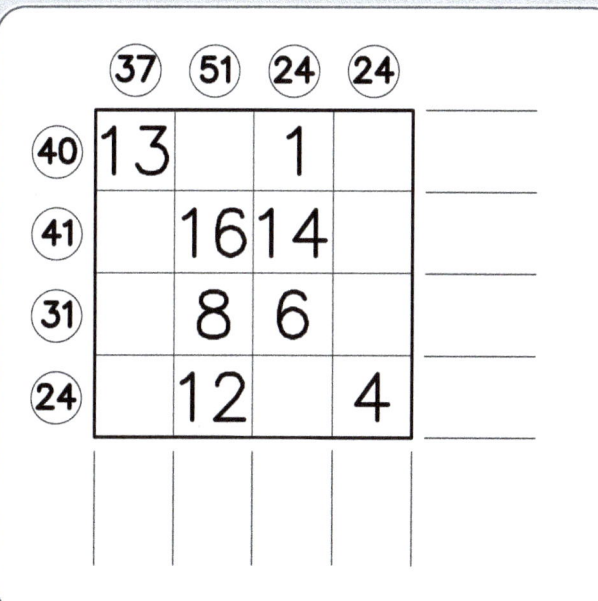

MEDIUM

131

HARD

128

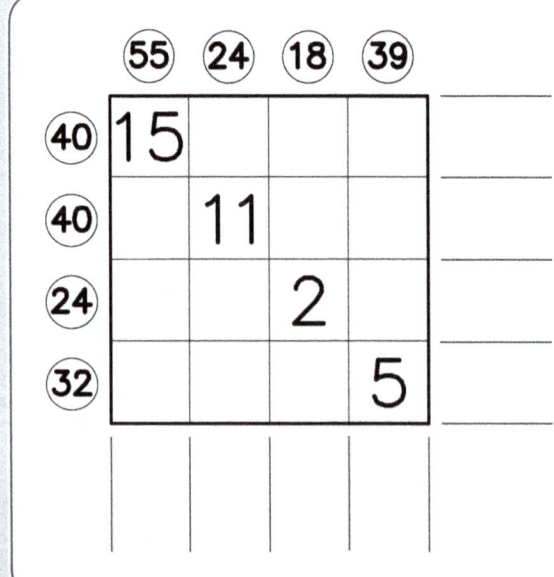

EXPERT

129

EASY

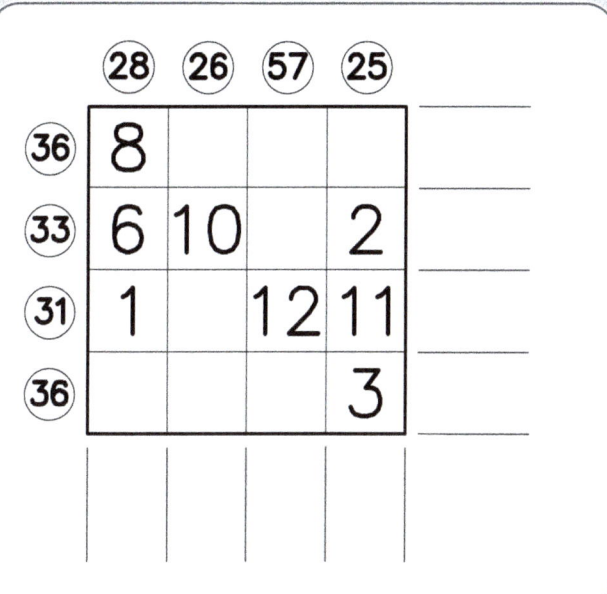

MEDIUM

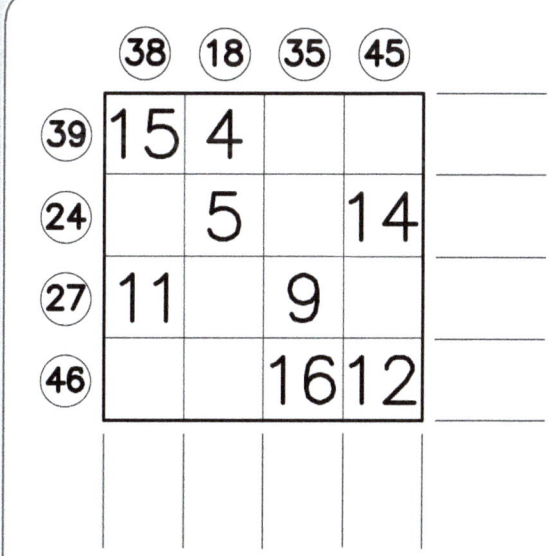

HARD

124

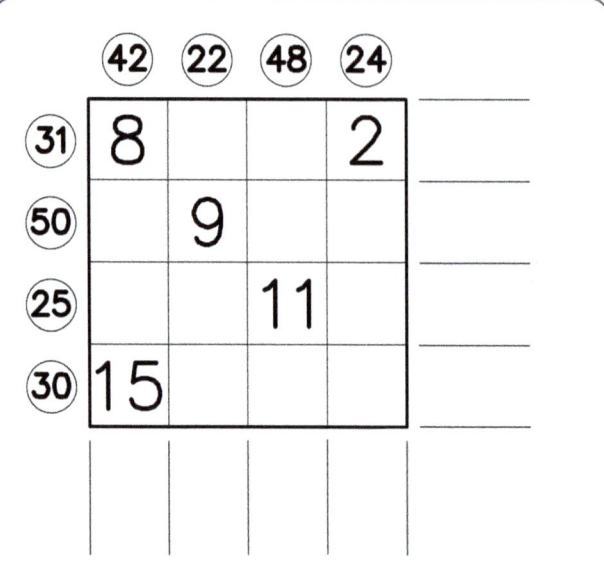

EXPERT

125

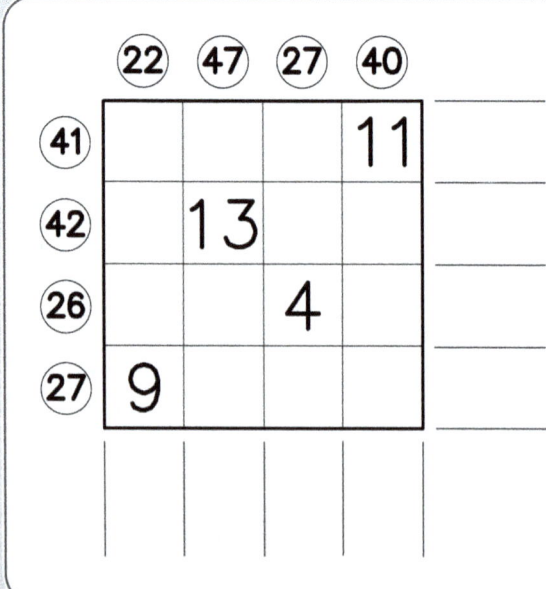

19

EASY

122

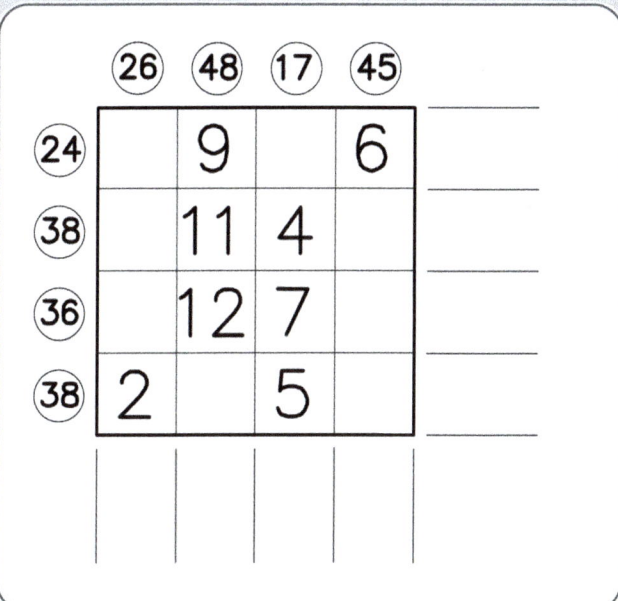

MEDIUM

123

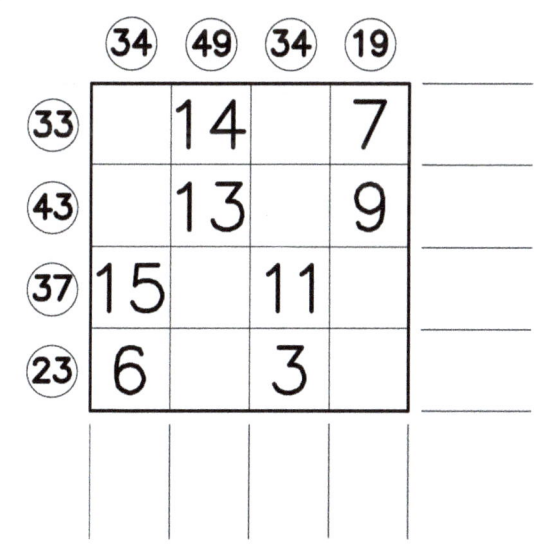

HARD

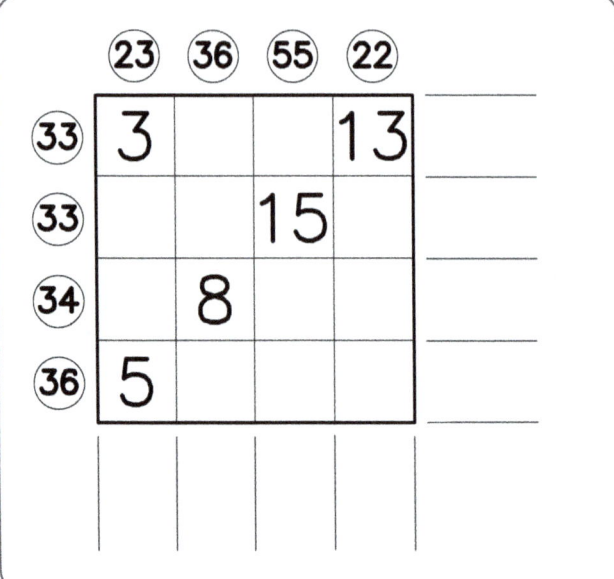

EXPERT

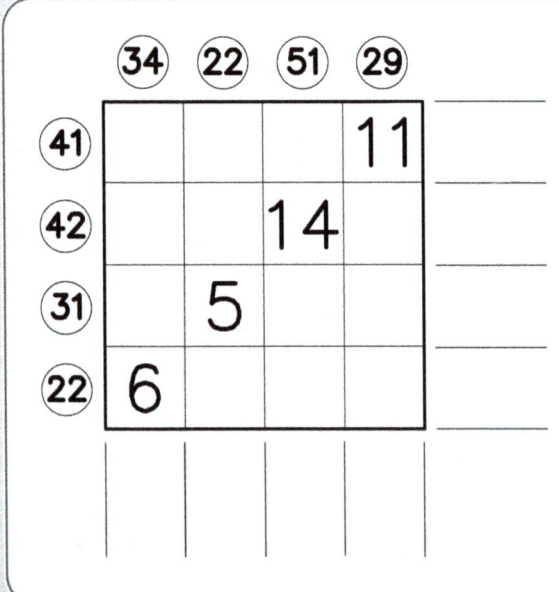

EASY

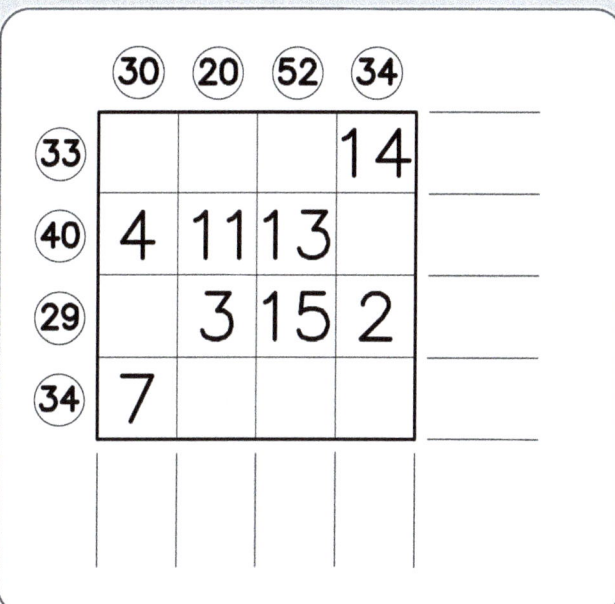

MEDIUM

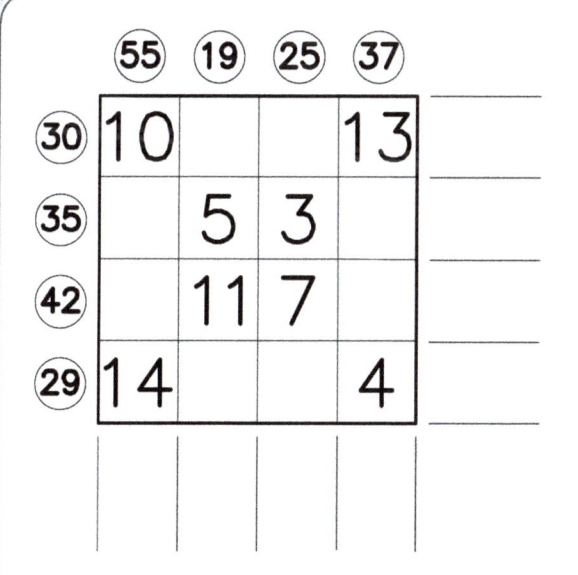

HARD

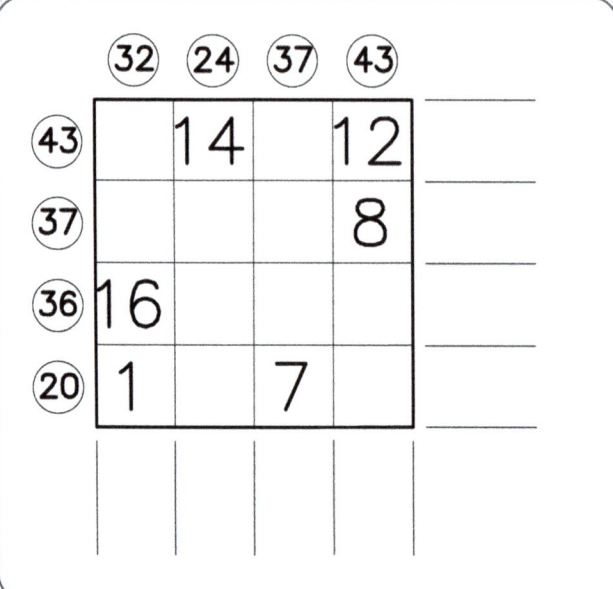

EXPERT

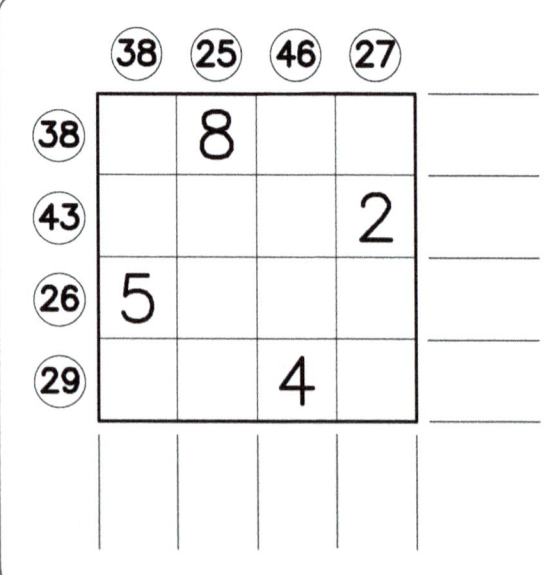

EASY

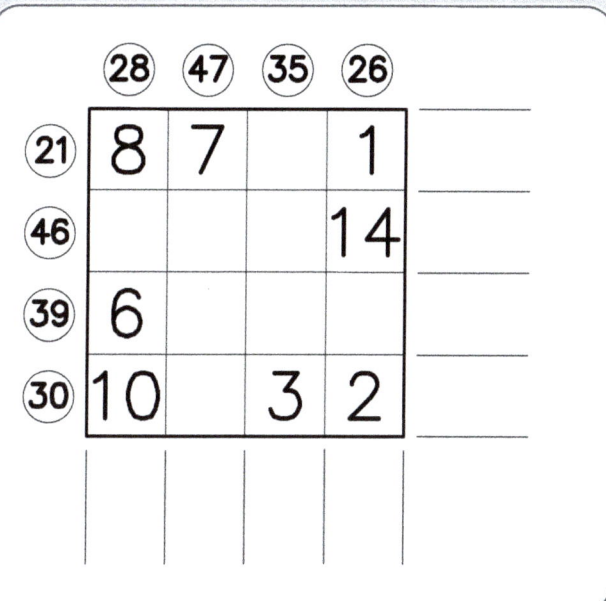

MEDIUM

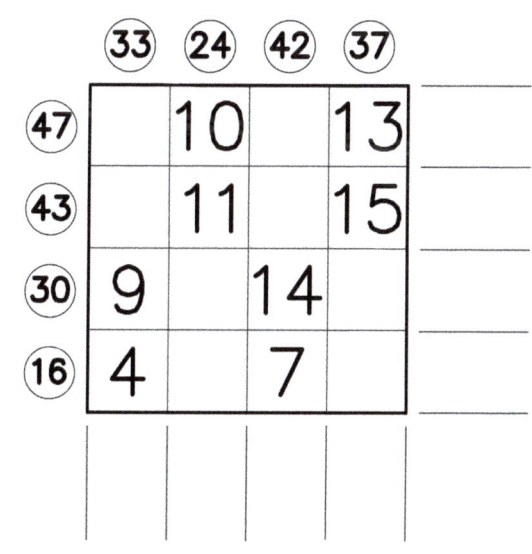

HARD

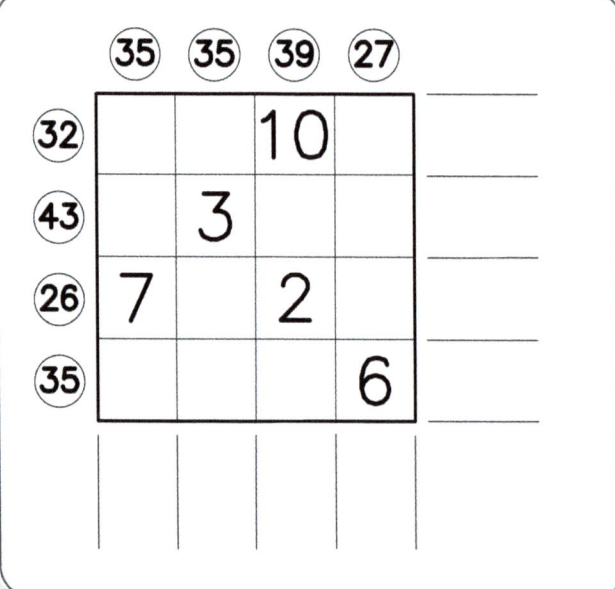

EXPERT

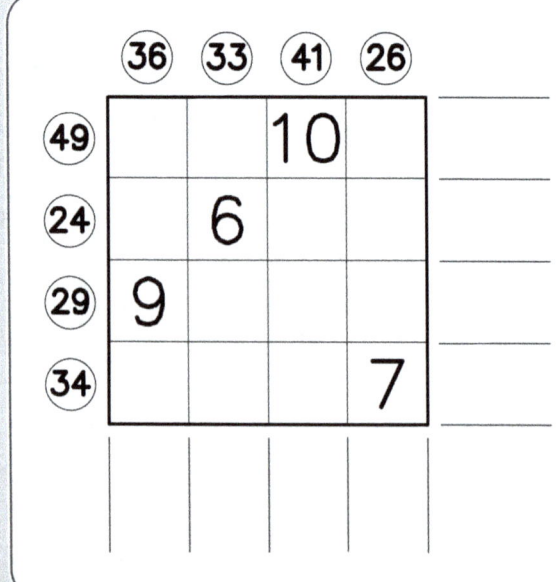

EASY

110

MEDIUM

111

HARD

108

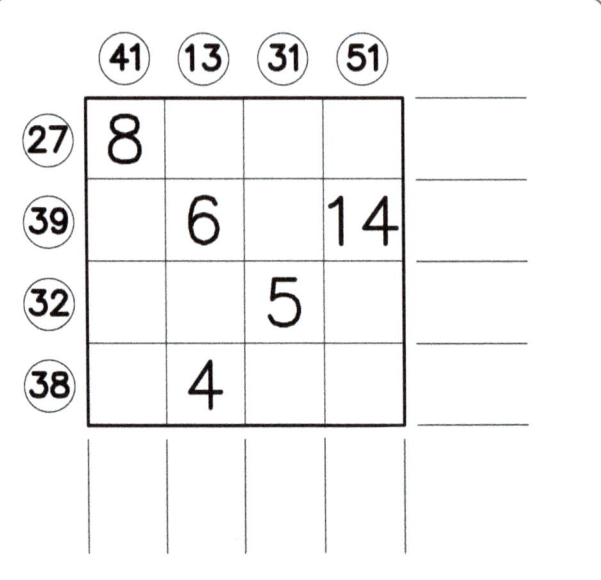

EXPERT

109

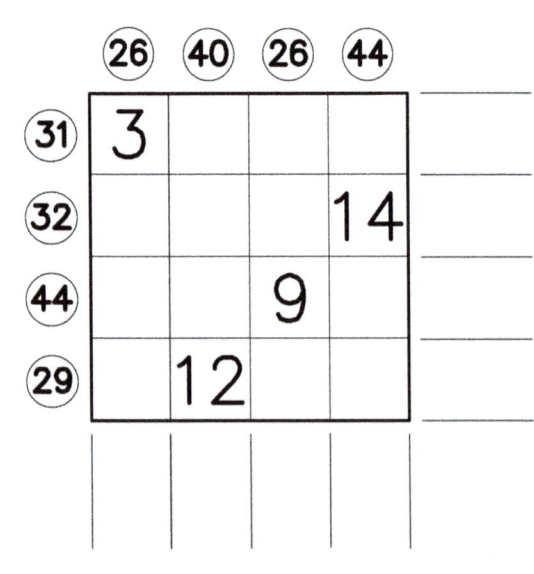

EASY

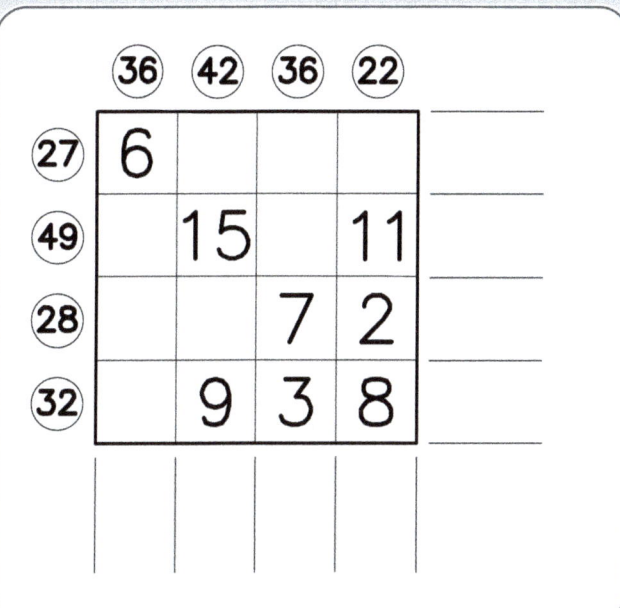

MEDIUM

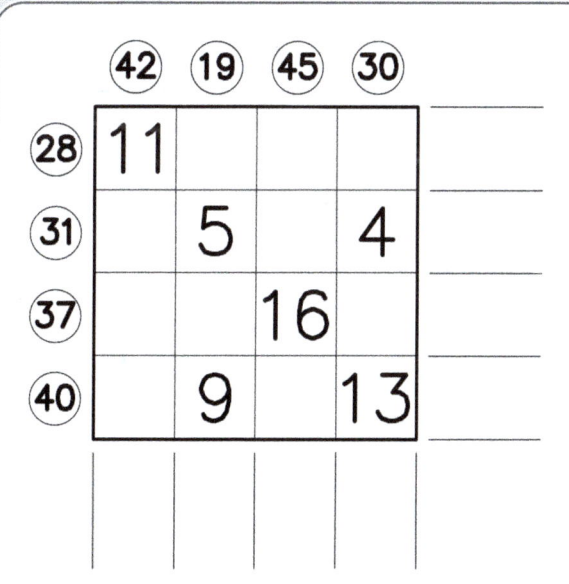

HARD

104

EXPERT

105

EASY

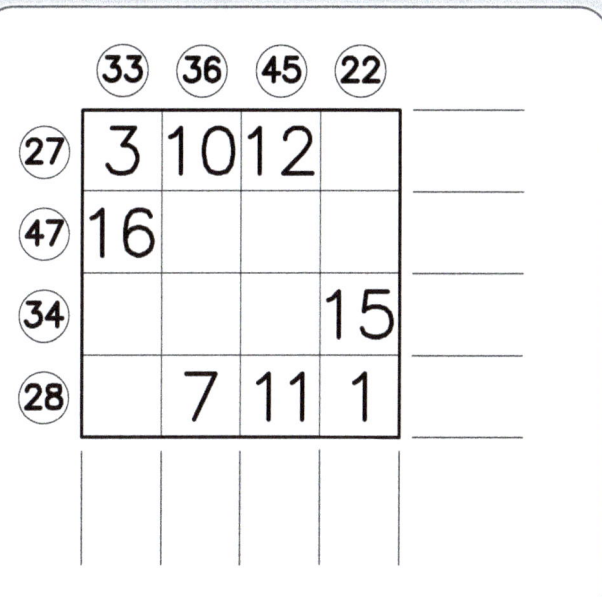

MEDIUM

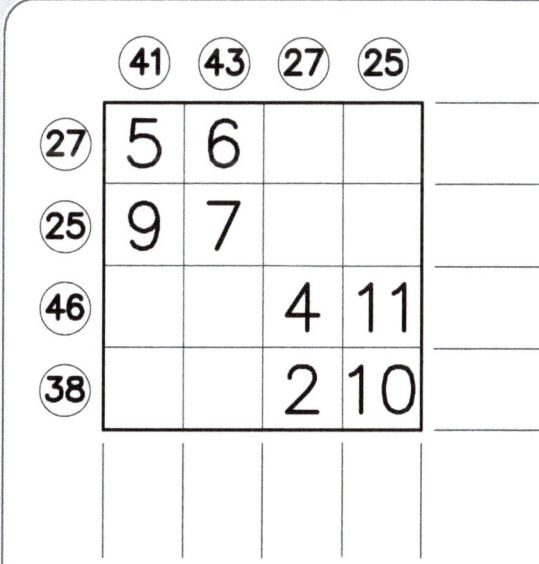

HARD

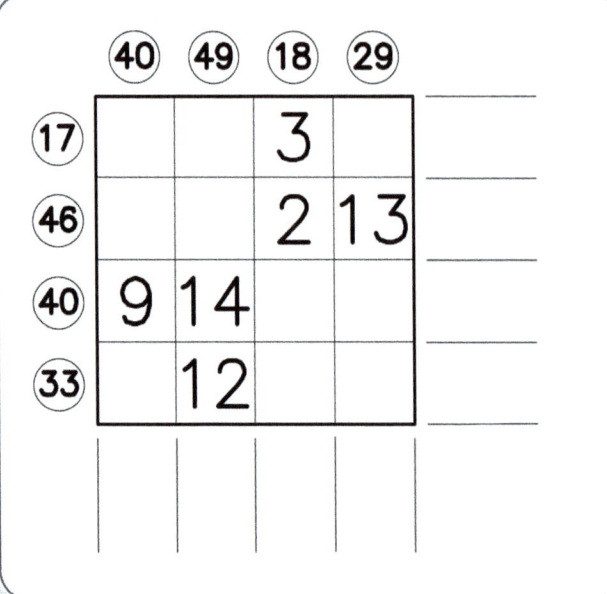

EXPERT

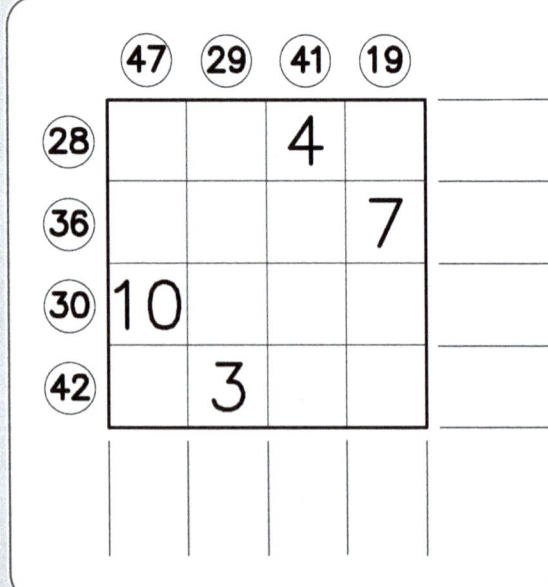

EASY

098

MEDIUM

099

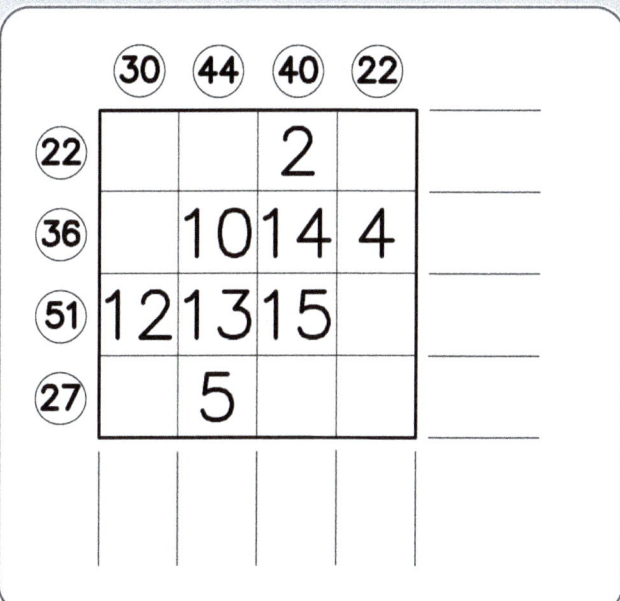

KUBOK® 16 - Rules

Enter the missing numbers 1-16 without repetitions so that the sum of the four numbers in each row and column is the same as the corresponding circled number

	⑲	㉟	㉚	㉜
㊱			4	
㊶		14	13	
㉟	2	6	12	15
㉔			1	